一本书搞懂
无人机

刘宾　籍莉　编著

化学工业出版社

·北京·

本书针对目前无人机使用者在学习及应用过程中所关心的问题，通过图文并茂的形式以及通俗易懂的语言，全方位讲解了无人机的使用入门、操作技巧、安全监管、飞行须知、规范应用等一系列相关知识，主要内容包括：无人机概述、无人机系统组成、飞行原理与飞行性能、气象条件的影响、空中交通管制、无人机驾驶员起降阶段操纵技术、无人机驾驶员巡航阶段操纵技术、旋翼无人机等。附录中提供了无人机飞行手册和相关文件须知。

本书内容丰富、实用性强，适合无人机爱好者、初级玩家、研究无人机的工程技术人员阅读参考，同时可用作高等院校、职业院校等相关专业的教材。

图书在版编目（CIP）数据

一本书搞懂无人机/刘宾，籍莉编著． 一北京：
化学工业出版社，2018.11（2025.4 重印）
ISBN 978-7-122-32985-1

Ⅰ．①一… Ⅱ．①刘…②籍… Ⅲ．①无人驾驶
飞机-基本知识 Ⅳ．①V279

中国版本图书馆CIP数据核字（2018）第207047号

责任编辑：耍利娜　　　　　　　　　　　　文字编辑：陈　喆
责任校对：王素芹　　　　　　　　　　　　装帧设计：王晓宇

出版发行：化学工业出版社（北京市东城区青年湖南街13号　邮政编码100011）
印　　装：北京云浩印刷有限责任公司
787mm×1092mm　1/16　印张11　字数268千字　2025年4月北京第1版第15次印刷

购书咨询：010-64518888　　　　　　　　　售后服务：010-64518899
网　　址：http://www.cip.com.cn
凡购买本书，如有缺损质量问题，本社销售中心负责调换。

定　　价：49.00元

前 言
FOREWORD

　　随着经济增长进入新常态，航空技术的发展迅猛飞速，国内对航空科技的研发空前重视，无人驾驶航空器呈现出前所未有的发展速度。转变经济增长方式、提高发展质量、推进创新驱动，以及施行新的法律法规等，已经并将继续给我国航空科技行业乃至从业人员带来新的变化和影响。因此，进行无人驾驶飞行器的专业学习和继续教育，不仅是有关规定的要求，也是提高从业人员职业能力、综合水平的需要。

　　2013年，中国民用航空局（CAAC）下发了《民用无人驾驶航空器系统驾驶员管理暂行规定》，实行证照管理，本书即根据民航局备案的教学大纲编写，是无人机系统驾驶员、机长的学习、考试用书，也是编者为广大无人机爱好者准备的一本实用图书。

　　本书吸收了国外同类书的优点，也结合了我国的实际情况，系统地阐述了无人飞行器的理论知识，并结合实践飞行技术，为广大学生更好掌握飞行理论和飞行技术提供参考。在教材内容的广度和深度上，兼顾知识的系统性和逻辑性，力求结构合理，宽而不深、多而不杂，体现出理论和实践相结合的原则，重点突出了无人机驾驶员应该掌握的基本理论知识和技能要求，力争做到全面、具体、化难为易，利于学生对书中内容的理解与掌握。每章都选取重点内容附配图片并尽量附以案例，力求便于学习、贴近实际。为方便教学使用，本书还配套电子课件，可扫下方二维码下载使用。

　　本书由刘宾、籍莉编著，刘昱含、刘忠礼、黄淑兰、籍延久、栾敏、刘力玮、籍允良、齐佳音、马任萍、马崇仁、仲梓豪、崔奕涵、孙云龙等人为本书的编写做了大量资料整理、图表绘制等工作。

　　本书的编写得到领导同仁以及多位专家、业界人士的指导和帮助，并参考了相关学者、专家的文献资料，在此一并表示感谢。

　　由于编著者的水平、经验所限，书中难免会有不足之处，敬请各位读者批评指正。

编著者

课件下载

目 录
CONTENTS

第八章　旋翼无人机　　　　　　　　　　　　　　　　　　/ 115

第九章　无人机飞行手册和其他文档　　　　　　　　　　/ 161

第一章

概　述

第一节

无人机的定义

无人驾驶航空器（UA，Unmanned Aircraft）是由遥控站管理（包括远程操纵或自主飞行）的航空器，也称遥控驾驶航空器（RPA，Remotely Piloted Aircraft），以下简称"无人机"。

无人机系统（UAS，Unmanned Aircraft System）也称遥控驾驶航空器系统（RPAS，Remotely Piloted Aircraft System），是指无人机、相关的遥控站、所需的指令与控制数据链路以及批准的型号设计规定的任何其他部件组成的系统。

无人机系统驾驶员是指由运营人指派对无人机的运行负有必不可少的职责并在飞行期间适时操纵飞行的人。无人机系统的机长是指在系统运行时间内负责整个无人机系统运行和安全的驾驶员。

第二节

无人机的分类

美国联合无人机计划局曾对无人机制定过分类标准：消耗型无人机、低成本近程无人机、近程无人机、短程无人机、中程无人机、长航时无人机等。其目的是减少人们对无人机定义的混淆，一些其他名词也通常用于描述无人机系统。这种分类也有很多不完善的地方，比如近程和短程究竟有什么区别，消耗型无人机和靶机有什么不同。

军用车载无人机

近年来，无人机技术发展迅速，无人机系统种类繁多、用途广泛、特点鲜明。无人机在尺寸、质量、航程、航时、飞行高度、飞行速度以及任务等多方面都有较大差异。由于无人机的多样性，衍生出不同的分类方法，且不同的分类方法又相互交叉，导致边界模糊。

无人机可按照飞行平台构型、用途、尺寸、活动半径、任务高度等方面进行分类。

按飞行平台构型分类，无人机可分为固定翼无人机、旋翼无人机、无人飞艇、伞翼无人机、扑翼无人机等。

按用途分类，无人机可分为军用无人机和民用无人机。军用无人机可分为侦察无人机、诱饵无人机、电子对抗无人机、通信中继无人机、无人战斗机以及靶机等；民用无人机可分为巡查/监视无人机、农用无人机、气象无人机、勘探无人机以及测绘无人机等。

按尺寸分类（民航法规），无人机可分为微型无人机、轻型无人机、小型无人机以及大型无人机。微型无人机是指空机质量小于或等于7kg的无人机。轻型无人机是指空机质量大于7kg，但小于或等于116kg的无人机，且全马力平飞中，校正空速小于100km/h，升限小于3000m。小型无人机是指空机质量小于或等于5700kg的无人机，微型和轻型无人机除外。大型无人机，是指空机质量大于5700kg的无人机。

按活动半径分类，无人机可分为超近程无人机、近程无人机、短程无人机、中程无人机和远程无人机。超近程无人机活动半径在15km以内，近程无人机活动半径在15～50km，短程无人机活动半径在50～200km，中程无人机活动半径在200～800km，远程无人机活动半径大于800km。

按任务高度分类，无人机可以分为超低空无人机、低空无人机、中空无人机、高空无人机和超高空无人机。超低空无人机任务高度一般在0～100m，低空无人机任务高度一般在100～1000m，中空无人机任务高度一般在1000～7000m，高空无人机任务高度一般在7000～18000m，超高空无人机任务高度一般大于18000m。

第三节

无人机的发展

无人机的诞生可以追溯到1914年。当时第一次世界大战正进行得如火如荼，英国的卡德尔和皮切尔两位将军向英国军事航空学会提出了一项建议：研制一种不用人驾驶而用无线电操纵的小型飞机，使其能够飞到敌方某一目标区上空，投下事先装好的炸弹。

1914年：
第一次世界大战，英国的卡德尔和皮切尔两位将军提出可以用无线电操纵的小型飞机投炸弹。

1917年3月：
世界上第一架无人驾驶飞机在英国进行了第一次飞行试验(连续两次试验均失败)。

随着无人机技术的逐步成熟，到了20世纪30年代，英国政府决定研制一种无人靶机，用于校验战列舰上的火炮对目标的攻击效果。1933年1月，由"费雷尔"水上飞机改装成的"费雷尔·昆士"无人机试飞成功。此后不久，英国又研制出一种全木结构的双翼无人靶机，命名为"德·哈维兰灯蛾"。在1934～1943年间，英国一共生产了420架这种无人机，并重新命名为"蜂王"。

新型共轴反桨旋翼无人机

到了20世纪60年代"冷战"期间，美国U-2有人驾驶侦察飞机前往苏联侦查导弹基地，被击落且飞行员被俘，使得美国的国际处境艰难。美国军方在改用间谍卫星从事相关活动后仍无法达到有人侦察机的侦察效果，由此引发了采用无人机进行侦察的想法。早期的AQM-34"火蜂"洛克希德D-21无人机，主要功能是照相侦察。越南战争期间进一步发展了BQM-34轻型无人机，增加了实时影像、电子情报、电子对抗、实时通信、散发传单、战场毁伤评估等功能。1982年6月，有名的贝卡谷地战役中，以色列研制的"侦察兵""猛犬"等无人机，在收集叙利亚的火力配置和战场情况方面取得了突出的战果，引起各国震惊。

随着航空技术的飞速发展，无人机也进入了一个崭新的时代，品类众多、功能各异的无人驾驶飞机，必将成为广阔天空中的"百变幽灵"，无处不在。时至今日，世界上研制生产的各类无人机已达数千种。各种性能不同、技术先进、用途广泛的新型无人机，如长航时无人机、无人攻击机、垂直起降无人机和微型无人机不断涌现。而随着计算机技术、自动驾驶技术、遥控遥测技术的发展和在无人机中的应用，以及对无人机战术研究的深入，未来无人机不仅能用于战术和战略等信息侦察，而且可用于防空系统压制、夺取制空权等多种任务中并最终参与空中格斗。

可见，随着航空工艺、材料和技术的不断进步，无人驾驶飞机在未来的20年间将会真正崛起，成为高技术舞台上一颗耀眼的"明星"。

第二章

系统的组成及介绍

典型的无人驾驶航空器系统是由飞行器平台、控制站、通信链路以及批准的型号设计规定的任何其他部件组成的系统。

第一节

飞行器

飞行器（Flight Vehicle）是由人类制造、能飞离地面、在大气层内或大气层外空间（太空）飞行的机械飞行物。大气层内飞行的称为航空器，在太空飞行的称为航天器。

航空器依据获得升力的方式不同分为两大类：一类是轻于空气的航空器，依靠空气的浮力飘浮于空中，如气球、飞艇等；另一类是重于空气的航空器，包括非动力驱动和动力驱动两种类型。无人机系统飞行器平台主要使用的是重于空气的动力驱动的航空器。

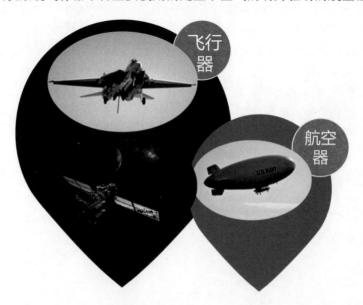

从飞行器平台技术本身来讲，无人机和有人机并无本质的区别，但无人机系统平台更加"简单"。这主要体现在以下五个方面：

① 不需要生命支持系统，平台规模尺度较小，更加简化。

② 为降低采购价格，相对于有人机在一定程度上放宽了可靠性指标。

③ 无须考虑过载、耐久等人为因素，平台更加专业化。

④ 对场地、地面保障等依赖减小。

⑤ 训练可大量依赖于模拟器，延长飞行器实际使用寿命。

一、航空器平台

1. 固定翼平台

固定翼平台即固定翼航空器（Fixed-wing Aeroplane）平台，即日常生活中提到的"飞机"，是指由动力装置产生前进的推力或拉力，由机体上固定的机翼产生升力，在大气层内飞行的重于空气的航空器。其结构通常包括机翼、机身、尾翼和起落架等。其中机翼和尾翼上有副翼、升降舵、方向舵、襟翼等控制舵面。操纵时，通过伺服机构改变各控制舵面位置及动力装置输出量，产生相应的控制力和力矩，使飞行器改变高度和速度，并进行转弯、爬升、俯冲、横滚等运动。

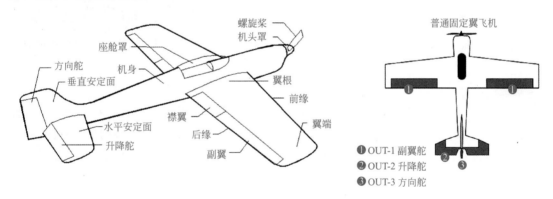

普通固定翼飞机

❶ OUT-1 副翼舵
❷ OUT-2 升降舵
❸ OUT-3 方向舵

【1】机翼

机翼是固定翼飞行器产生升力的部件，机翼后缘有可操纵的活动面，一般靠外侧的叫副翼，用于控制飞机的滚转运动；靠内侧的则是襟翼，用于增加起飞着陆阶段的升力。大型飞机机翼内部通常安装有油箱，军用机机翼下面有可供挂载副油箱和武器等的附加设备。有些飞机的发动机和起落架也安装在机翼下方。

【2】机身

机身的主要功能是装载人员、货物、燃料和任务设备等，同时它是其他结构部件的安装基础，用以将尾翼、机翼、起落架等连接成一个整体。

【3】尾翼

尾翼是用来配平、稳定和操纵固定翼飞行器飞行的部件，通常包括垂直尾翼（垂尾）和水平尾翼（平尾）两部分。垂直尾翼由固定的垂直安定面和安装在其后部的升降舵组成，水平尾翼由固定的水平安定面和安装在其后部的升降舵组成，一些型号的飞机升降舵由全动式水平尾翼代替。方向舵用于控制飞机的横向运动，升降舵用于控制飞机的纵向运动。

（4）起落架

起落架是用来支撑飞行器停放、滑行、起飞和着陆滑跑的部件，一般由支柱、缓冲器、刹车装置、机轮和收放机构组成。陆上飞机的起落架装置一般由减震支柱和机轮组成，此外还有专供水上飞机起降的带有浮筒装置的起落架和飞机在雪地起降用的滑橇起落架。

2. 旋翼平台

旋翼平台即旋翼航空器（Rotary Wing Aircraft）平台。旋翼航空器是一种重于空气的航空器，其在空中飞行的升力是由一个或多个旋翼与空气进行相对运动的反作用获得的。现代旋翼航空器通常包括直升机、多轴飞行器和旋翼机三种类型。

旋翼航空器的名称易与旋翼机混淆，实际上旋翼机的全称为自转旋翼机，是旋翼航空器的一种。

（1）直升机

直升机是一种由一个或多个水平旋转的旋翼提供升力和推进力而进行飞行的航空器。直升机具有大多数固定翼航空器所不具备的垂直升降、悬停、小速度向前或向后飞行的特点。这些特点使得直升机在很多场合大显身手。直升机与固定翼飞机相比，其缺点是速度低、耗油量大、航程较短。

共轴双桨直升机

直升机的升力产生原理与固定翼相似，只不过这个升力来自于绕固定轴旋转的"旋翼"。

旋翼不像固定翼航空器那样依靠整个机体向前飞行来使机翼与空气产生相对运动，而是依靠自身旋转产生与空气的相对运动。但是，在旋翼提供升力的同时，直升机机身也会因反转矩（与驱动旋翼旋转等量但方向相反的转矩，即反作用转矩）的作用而具有向反方向旋转的趋势。为了克服"旋翼"旋转产生的反作用转矩，常见的做法是用另一个小型旋翼，即尾桨，在机身尾部产生抵消反向运动的力矩。人们将这种直升机称为单旋翼直升机。另外一种做法是采用旋翼之间反向旋转的方法来抵消反转矩的作用，即多旋翼直升机。

（2）多轴飞行器

多轴飞行器（Multirotor）是一种具有三个及以上旋翼轴的特殊直升机。其通过每个轴上的电动机转动带动旋翼转动从而产生升推力。旋翼的总距固定，而不像一般直升机那样可变。通过改变不同旋翼之间的相对转速，可以改变单轴推进力的大小，从而控制飞行器的运行轨迹。

由于其结构简单，便于量产，近年来微型飞行器领域常见的有四轴、六轴、八轴等。其体积小、重量轻，因此携带方便，能轻易进入人不易进入的各种恶劣环境。和传统直升机相比，它有许多优点：它的旋翼角度固定，结构简单；每个旋翼的叶片比较短，叶片末端的线速度慢，发生碰撞时冲击力小，不容易损坏，也对人更安全。有些小型四轴飞行器的旋翼有外框，避免磕碰。发展到如今，多轴飞行器已可执行航拍电影、取景、实时监控、地形勘探等飞行任务。

（3）旋翼机

自转旋翼机简称旋翼机，是旋翼航空器的一种。它的旋翼没有动力装置驱动，仅依靠前进时的相对气流吹动旋翼自转以产生升力。旋翼机必须像固定翼航空器那样滑跑加速才能起飞，少数安装有跳飞装置的旋翼机能够原地跳跃起飞，但旋翼机不能够像直升机那样进行稳定的垂直起降和悬停。与直升机相比，旋翼机的结构非常简单、造价低廉、安全性较好，一般用于通用航空或运动类飞行。

自转旋翼机的设计各种各样，但是大多数设计的基本构成要素是相同的。一架具备基本功能的自转旋翼机通常包括机身、动力系统、旋翼系统、尾翼和起落架五个部分。

机身：是其他部件的安装结构。

动力系统：提供旋翼机向前飞行的推力，在飞行时和旋翼系统无关。

旋翼系统：提供旋翼机飞行所必需的升力和控制能力。常见的是带桨毂倾斜控制的跷跷板式旋翼，也可以采用全铰式旋翼。

尾翼：提供稳定性和俯冲、偏航控制，同固定翼飞机的尾翼功能类似。

起落架：提供在地面上的移动能力，类似于固定翼飞机的起落架。最常见的为前三点式起落架。

3. 其他

除了上述几种主流航空器类型外，扑翼机和变模态旋翼机也是现代航空器的重点研究方向。

扑翼机是通过像鸟类和昆虫那样上下扑动自身翅膀而升空飞行的航空器，又称振翼机。作为一种仿生学的机械，扑翼机与它模仿的对象一样，以机翼同时产生升力和推进力。但也由于升力和推进力由同一部件产生，涉及的工程力学和空气动力学问题非常复杂，其规律尚未被人类完全掌握。有实用价值的扑翼机至今尚未脱离研制阶段，微型航空器领域是扑翼机最有可能实用化的领域。

倾转旋翼机是一种典型的变模态旋翼机平台，也叫可倾斜旋翼机，是一种同时具有旋翼和固定翼功能，并在机翼两侧各安装有一套可在水平和垂直位置之间转动的可倾转旋翼系统的航空器。倾转旋翼机在动力装置旋转到垂直位置时相当于横列式直升机，可进行垂直起降、悬停、低速空中盘旋等直升机的飞行动作；而在动力装置旋转至水平位置时相当于固定翼螺旋桨式飞机，可实现比直升机更快的巡航航速。以上特点使得倾转旋翼机兼具直升机和固定翼飞机的优点，应用前景十分广阔。

扑翼机

倾转旋翼机

二、动力装置

动力装置是航空器发动机以及保证发动机正常工作所必需的系统和附件的总称。

无人机使用的动力装置主要有活塞式发动机、涡喷发动机、涡扇发动机、涡桨发动机、涡轴发动机、冲压发动机、火箭发动机、电动机等。目前主流的民用无人机所采用的动力系统通常为活塞式发动机和电动机两种。

1. 活塞式动力装置

活塞式发动机也叫往复式发动机，由气缸、活塞、连杆、曲轴、气门机构、螺旋桨减速器、机匣等组成主要结构。活塞式发动机属于内燃机，它通过燃料在气缸内的燃烧，将热能

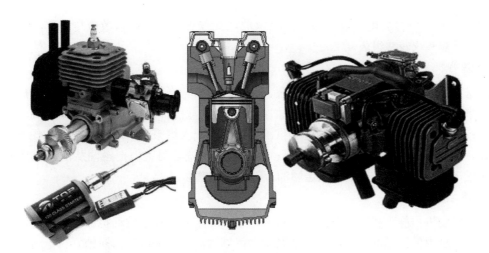

转变为机械能。活塞式发动机系统一般由发动机本体、进气系统、增压器、点火系统、燃油系统、启动系统、润滑系统以及排气系统构成。

（1）进气系统

进气系统是活塞式发动机的动脉，为发动机提供燃烧做功所需的清洁空气和燃料，并且燃油的混合也是在这里完成。活塞式发动机进气系统的作用是：将外部空气和燃油混合，然后把油气混合物送到发生燃烧的气缸。外部空气从发动机罩前部的进气口进入进气系统。这个进气口通常会包含一个阻止灰尘和其他外部物体进入的空气过滤器。

小型活塞式发动机通常使用以下两种类型的进气系统。

① 汽化器系统：汽化器本质上是一根管子。管子中有一个可调节板，称为节流板，它控制着通过管子的气流量。管子中有一段较窄，称为文丘里管，在此窄道中气体流速变快，压力变小。该窄道中有一个小孔，称为喷嘴，汽化器通过它在低压时吸入燃料。

② 燃油喷射系统：燃油喷射系统即电子燃油喷射控制系统，以一个电子控制装置为控制中心，利用安装在发动机不同部位上的各种传感器测得发动机的各种工作参数，按照在电脑中设定的控制程序，通过控制喷油器，精确地控制喷油量，使发动机在各种工况下都能获得最佳浓度的混合气。

（2）增压器

增压器是一种用于活塞式发动机的辅助装置。发动机产生动力的条件是空气中的氧气与燃料的燃烧，由于一定大气压力下单位空气的含氧量是固定的，同时一般的自然进气发动机是依靠活塞运动产生的压力差将空气或空气与燃油的混合气吸进气缸，压力差有其上限，使得自然进气发动机的动力被大气压力局限，因此有了增压器的使用。装设增压器提高发动机进气的压力以增加其中氧气的含量，通常可以使发动机增加20% ～ 50%甚至更高的输出功率。最新的增压器技术能大幅度降低油耗。

（3）点火系统

点火系统是用于点燃燃料-空气混合气的系统。点火系统应产生足够能量的高压电流，准时和可靠地在火花塞两电极间击穿，产生火花点燃发动机气缸内的混合气，并能自动提前调整点火角，以适应发动机不同工况的需求。

点火系统的种类繁多。早期的航空活塞式发动机采用由飞轮磁电机、点火线圈、白金触点断电器和火花塞组成的点火系统。随着电子技术的发展，当前的无人机活塞式发动机多采用晶闸管无触点电容放电式点火系统。电容放电式点火系统由霍尔效应传感器、点火控制盒、点火线圈和火花塞组成。

（4）燃油系统

活塞式发动机燃油系统由油箱、油泵、燃油过滤器、汽化器和燃油喷射系统组成。燃油系统用来提供持续的从油箱到发动机的洁净燃油流量。燃油在所有发动机功率、高度、姿态和所有核准的飞行机动条件下必须能够供给发动机。无人机系统一般使用两种常规类型的燃油系统，即重力馈送系统和燃油泵系统。重力馈送系统使用重力把燃油从油箱输送到发动机。如果飞机的设计不能用重力输送燃油，就要安装燃油泵。

（5）启动系统

要使发动机由静止状态过渡到工作状态，必须先用外力转动发动机的曲轴，使活塞做往复运动，气缸内的可燃混合气体燃烧膨胀做功，推动活塞向下运动使曲轴旋转，这样发动机才能运转，工作循环才能自动进行。因此，曲轴在外力作用下开始转动到发动机开始自动运转的全过程，称为发动机的启动。完成启动过程所需的装置称为发动机的启动系统。

不同型号发动机启动系统的结构形式存在区别，但基本原理类似。大型活塞发动机启动系统的部件均安装在发动机上或其附近，与发动机有关部件连接传动。气缸总容积小于500mL的活塞发动机多采用独立式启动系统。

启动发动机时，必须严格遵守安全规则。其中，最重要的是要避开螺旋桨旋转平面。另外，无人机机体必须稳固，以避免意外运动导致的危险。

2. 电动动力装置

目前，轻型、小型无人机广泛采用的动力装置为活塞式发动机系统。而出于成本和使用方便的考虑，微型无人机中普遍使用的是电动动力系统。电动动力系统主要由动力电动机、动力电源、调速系统三部分组成。

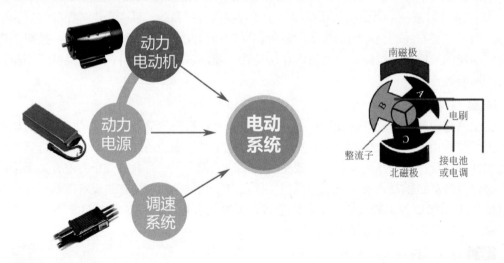

（1）动力电动机

微型无人机使用的动力电动机可以分为两类：有刷电动机和无刷电动机。其中有刷电动机由于效率较低，在无人机领域已逐渐不再使用。

电动机的型号命名主要是以尺寸为依据的，比如有刷370电动机，是指电动机不包括轴的长度是37mm，无刷2208电动机是指它的直径是22mm、不包括轴的长度是8mm。当然有一些型号是说它相当于某级别的，还有一些是厂家自己命名的。电动机的技术指标很多，与无人机动力特性最相关的两个是转速和功率。转速一般用KV来表示，所谓KV是指每伏特（V）能达到的每分钟转速。比如用KV1000的电动机，11.1V电池，电动机转速应该是1000×11.1=11100（r/min），即每分钟11100转。

无人机使用电动机作为动力具有其他动力装置无法比拟的优点，如结构简单、重量轻、使用方便，可使无人机的噪声和红外特征很小，同时又能提供与内燃机不相上下的功率，它尤其适合作低空、低速、微型无人机的动力装置。如美国FQM-151A"指针"手抛式无人机使用一台300W钐钴电动机作动力装置，法国"方位角"便携式轻型无人机使用一台600W无刷直流电动机作动力装置，俄罗斯"蜻蜓"短程监视和环境监控无人机使用一台7.5kW电动机作动力装置。

（2）动力电源

动力电源主要为电动机的运转提供电能，通常采用化学电池来作为电动无人机的动力电源，主要包括：镍氢电池、镍铬电池、锂聚合物电池、锂离子动力电池。其中前两种电池因重量重，能量密度低，现已基本上被锂聚合物电池所取代。

表示电池性能的参数有很多，无人机动力系统设计中最主要的是电压、容量和放电能力。电池的电压用伏特（V）来表示。标称电压只是厂家按国家标准标示的电压，实际上使用时电池的电压是不断变化的。如镍氢电池的标称电压是1.2V，充电后电压可达到1.5V，放电后的保护电压为1.1V；锂聚合物电池的标称电压是3.7V，充电后电压可达4.2V，放电后的保护电压为3.6V。在实际使用过程中，电池的电压会产生压降，这和电池所带的负载有关，也就是说电池所带的负载越大，电流越大，电池的电压越小，在去掉负载后电池的电压还会恢复到一定值。电池的容量是用毫安·时（mA·h）来表示的。它的意思是电池以某个电流来放电能维持1h，例如1000mA·h就是这个电池能保持1000mA（1A）放电1h。但是电池的放电并非是线性的，所以不能说这个电池在500mA时能维持2h。不过电池在小电流时的放电时间总是大于大电流时的放电时间。一般来说，电池的体积越大，它储存的电量就越多，这样飞机的重量也会增加，所以选好合适的电池对飞行是很有好处的。电池的放电能力是以倍率（C）来表示的。它的意思是说按照电池的标称容量最大可达到多大的放电电流。例如一个1000mA·h、10C的电池，最大放电电流可达1000×10=10000（mA），即10A。在实际使用中，电池的放电电流究竟为多少是与负载电阻有关的，根据欧姆定理，电压等于电流乘以电阻，所以电压和电阻是定数时，电池的放电电流也是一定的。例如使用11.1V、1000mA·h、10C的电池，而电动机的电阻是1.5Ω，那么在电池有12V电压的情况下，忽略电调和线路的电阻，电流等于12÷1.5=8（A），结果是8A。

充电过程对电池的寿命有相当大的影响。一般来说，电池的充电时间是和充电电流相关联的。比如说一个1000mA·h的电池，充电电压略高于额定电压，充电器的电流是50mA，那么充电时间就等于1000÷500=2（h），即两小时。但这只是从零电压充起的情况，也就是说这只是理想状态，实际的充电时间还要看电池原有的电量。也许你会说我使用大电流充电，不是就能节约时间了吗。实验证明，大电流充电会对电池的性能造成一定程度的破坏，也可能充上的只是浮电，一用就没了。一般厂家要求用0.1C的电流充电，而锂聚合物电池因为性能优越在保证冷却通风的条件下可用1C的电流充电。

（3）调速系统

动力电动机的调速系统称为电调，全称电子调速器，英文Electronic Speed Controller，简称ESC。针对不同的动力电动机，可分为有刷电调和无刷电调。它根据控制信号调节电动机的转速。

其连接一般情况如下：

① 电调的输入线与电池连接；

② 电调的输出线（有刷两根、无刷三根）与电动机连接；

③ 电调的信号线与接收机连接。

另外，电调一般有电源输出功能（BEC），即在信号线的正负极之间有5V左右的电压输出，通过信号线为接收机及舵机供电。

3. 涡喷动力装置

有人机涡轮喷气发动机技术的发展，为无人机涡轮喷气发动机的发展提供了重要的技术基础。目前小型涡轮喷气发动机已在少数高速无人靶机及突防无人机中得到应用。

小型涡轮喷气发动机机构主要包含四部分：压气机、燃烧室、涡轮机、喷管。压气机使空气以高速度通过进气道到达燃烧室。燃烧室包含燃油入口和用于燃烧的点火器。膨胀的空气驱动涡轮机，涡轮机同时通过轴连接到压气机，使发动机循环运行。从喷管排出的加速的高温燃气为整机提供推力。

4. 其他

除上述动力系统外，无人机中还有少数涡轴、涡桨、涡扇等动力装置。从现有在役无人机动力装置的情况来看，涡轴发动机适用于中低空、低速短距/垂直起降无人机和倾转旋翼无人机，飞机起飞质量可达1000kg；涡桨发动机适用于中高空长航时无人机，飞机起飞质量可达3000kg；涡扇发动机适用于高空长航时无人机和战斗机，飞机起飞质量可以很大，如"全球鹰"重达11.6t。

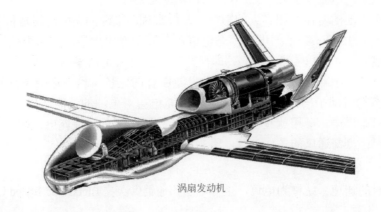

涡扇发动机

三、导航飞控系统

导航飞控系统是无人机的核心系统之一。按具体功能又可划分为导航子系统和飞控子系统两部分。

导航子系统的功能是向无人机提供相对于所选定的参考坐标系的位置、速度、飞行姿态，引导无人机沿指定航线安全、准时、准确地飞行。完善的无人机导航子系统具有以下功能：

① 获得必要的导航要素，包括高度、速度、姿态、航向；

② 给出满足精度要求的定位信息，包括经度、纬度；

③ 引导飞机按规定计划飞行；

④ 接收预定任务航线计划，并对任务航线的执行进行动态管理；

⑤ 接收控制站的导航模式控制指令并执行，具有指令导航模式与预定航线飞行模式互相切换的功能；

⑥ 具有接收并融合无人机其他设备的辅助导航定位信息的能力；

⑦ 配合其他系统完成各种任务。

飞控子系统是无人机完成起飞、空中飞行、执行任务、返场回收等整个飞行过程的核心系统，对无人机实现全权控制与管理，因此飞控子系统之于无人机相当于驾驶员之于有人机，是无人机执行任务的关键。飞控子系统主要具有如下功能：

① 无人机姿态稳定与控制；

② 与导航子系统协调完成航迹控制；

③ 无人机起飞（发射）与着陆（回收）控制；

④ 无人机飞行管理；

⑤ 无人机任务设备管理与控制；

⑥ 应急控制；

⑦ 信息收集与传递。

以上所列的功能中第①、④和⑥项是所有无人机飞行控制系统所必须具备的功能，而其他项不是每一种飞行控制系统都具备的，也不是每一种无人机都需要的，根据具体无人机种类和型号可进行选择和组合。

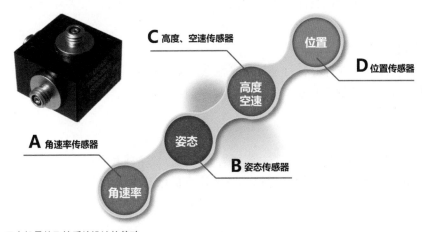

无人机导航飞控系统设计的基础
角速率传感器、姿态传感器、位置传感器、迎角侧滑角传感器、加速度传感器、高度传感器及空速传感器等

1. 传感器

无人机导航飞控系统常用的传感器包括角速率传感器、姿态传感器、位置传感器、迎角侧滑角传感器、加速度传感器、高度传感器及空速传感器等，这些传感器构成无人机导航飞控系统设计的基础。

（1）角速率传感器

角速率传感器是飞行控制系统的基本传感器之一，用于感受无人机绕机体轴的转动角速率，以构成角速率反馈，改善系统的阻尼特性，提高稳定性。

角速率传感器的选择要考虑其测量范围、精度、输出特性、带宽等。

角速率传感器应安装在无人机重心附近，安装轴线与要感受的机体轴向平行，并应特别注意极性的正确性。

（2）姿态传感器

姿态传感器用于感受无人机的俯仰、滚转和航向角度，用于实现姿态稳定与航向控制功能。

姿态传感器的选择要考虑其测量范围、精度、输出特性、动态特性等。

姿态传感器应安装在无人机重心附近，振动要尽可能小，有较高的安装精度要求。

（3）高度、空速传感器（大气机）

高度、空速传感器（大气机）用于感受无人机的飞行高度和空速，是高度保持和空速保持的必备传感器。其一般和空速管、通气管路构成大气数据系统。

高度、空速传感器（大气机）的选择主要考虑测量范围和测量精度。一般要求其安装在空速管附近，尽量缩短管路。

（4）位置传感器

位置传感器用于感受无人机的位置，是飞行轨迹控制的必要前提。惯性导航设备、GPS卫星导航接收机、磁航向传感器是典型的位置传感器。

位置传感器的选择一般考虑与飞行时间相关的导航精度、成本和可用性等问题。

惯性导航设备有安装位置要求和较高的安装精度要求，GPS的安装主要应避免天线的遮挡问题。

磁航向传感器要安装在受铁磁性物质影响最小且相对固定的地方，安装件应采用非磁性材料制造。

2. 飞控计算机

导航飞控计算机简称飞控计算机，是导航飞控系统的核心部件。从无人机飞行控制的角度来看，飞控计算机应具备如下功能：姿态稳定与控制；导航与制导控制；自主飞行控制；自动起飞、着陆控制。

（1）飞控计算机类型

飞控计算机按照对信号的处理方式，主要分为模拟式、数字式和数模混合式三种类型。

现今，随着数字电路技术的发展，模拟式飞控计算机已基本被数字式飞控计算机取代，新研制的无人机飞控系统几乎都采用数字式飞控计算机。

（2）飞控计算机余度

无人机没有人身安全问题，因此会综合考虑功能、任务可靠性要求和性能价格比来进行余度配置设计。就飞控计算机而言，一般中、大型无人机都有余度设计，一些简单的微、轻型无人机无余度设计。

（3）飞控计算机主要硬件构成

① 主处理控制器。主要有通用型处理器（MPU）、微处理器（MCU）、数字信号处理器（DSP）。随着FPGA技术的发展，相当多的主处理器将FPGA和处理器组合成功能强大的主处理控制器。

② 二次电源。二次电源是飞控计算机的一个关键部件。飞控计算机的二次电源一般为5V、±15V等直流电源，而无人机的一次电源根据型号不同区别较大，因此需要对一次电源进行变换。现在普遍使用集成开关电源模块。

③ 模拟量输入/输出接口。模拟量输入接口电路将各传感器输入的模拟量进行信号调理、增益变换、模/数（A/D）转换后，提供给微处理器进行相应处理。模拟信号一般可分为直流模拟信号和交流调制信号两类。模拟量输出接口电路用于将数字控制信号转换为伺服机构能识别的模拟控制信号，包括数/模转换、幅值变换和驱动电路。

④ 离散量接口。离散量输入电路用于将飞控计算机内部及外部的开关量信号变换为与微处理器工作电平兼容的信号。

⑤ 通信接口。用于将接收的串行数据转换为可以让主处理器读取的数据或将主处理器要发送的数据转换为相应的数据。飞控计算机和传感器之间可以通过RS-232/RS-422/RS-485或ARINC429等总线方式通信。随着技术的不断发展，1553B等其他总线通信方式也将应用到无人机系统中。

⑥ 余度管理。无人机飞控计算机多为双余度配置。余度支持电路用于支持多余度机载计算机协调运行，包括：通道计算机间的信息交换电路，同步指示电路，通道故障逻辑综合电路及故障切换电路。通道计算机间的信息交换电路是两个通道飞控计算机之间进行信息传递的通路。同步指示电路是同步运行的余度计算机之间相互同步的支持电路。通道故障逻辑综合电路将软件监控和硬件监控电路的监控结果进行综合，它的输出用于故障切换和故障指示。

⑦ 加温电路。常用于工作环境超出工业品级温度范围的飞控计算机当中，以满足加温电路所需功率和加温方式的需求。

⑧ 检测接口。飞控计算机应留有合适的接口，方便与一线检测设备、二线检测设备连接。

⑨ 飞控计算机机箱。它直接影响计算机抵抗恶劣环境的能力以及可靠性、可维护性、使用寿命。

（4）机载飞控软件

机载导航飞控软件简称机载飞控软件，是一种运行于飞控计算机上的嵌入式实时任务软件，不仅要求性能好、效率高，而且要求具有较好的质量保证、可靠性和可维护性。

机载飞控软件按功能可以划分成如下功能模块：硬件接口驱动模块；传感器数据处理模块；飞行控制律模块；导航与制导模块；飞行任务管理模块；任务设备管理模块；余度管理模块；数据传输、记录模块；自检测模块；其他模块。

（1）飞控计算机类型

（2）飞控计算机余度

（3）飞控计算机的主要硬件构成

（4）机载飞控软件

（5）飞控计算机自检测

......

飞控硬件系统

〔5〕飞控计算机自检测

飞控计算机自检测（Build In Test，BIT）模块提供故障检测、定位和隔离的功能。BIT按功能不同又分为维护自检测（MBIT）、加电启动自检测（PUBIT）、飞行前自检测（PBIT）、飞行中自检测（IFBIT）。

3.执行机构

无人机执行机构都是伺服作动设备，是导航飞控系统的重要组成部分。其主要功能是根据飞控计算机的指令，按规定的静态和动态要求，通过对无人机各控制舵面和发动机节风门等的控制，实现对无人机的飞行控制。

〔1〕伺服执行机构类型

伺服执行机构类型主要分为：电动伺服执行机构、电液伺服执行机构和气动伺服执行机构。通常意义上的舵机即是一种电动伺服执行机构。

电动伺服执行机构通常由电动机、测速装置、位置传感器、齿轮传动装置、驱动电路等组成。

电液伺服执行机构通常由电液伺服阀、作动筒和位置传感器等组成。

气动伺服执行机构通常由电磁控制活门、作动筒和位置传感器等组成。

与其他伺服作动设备相比，电动伺服作动设备的制造和维修比较方便，和飞行控制系统采用同一能源，信号的传输与控制也比较容易，其系统组成简单，线路的敷设较方便。因此在无人机上主要使用电动伺服作动设备。随着稀土永磁材料的发展和电动机制造技术的进步，执行电动机性能不断提高。随着PWM控制技术和大规模集成电路以及谐波减速器的使用，电动伺服作动设备在体积、重量和静动特性指标上有很大的进步。

〔2〕伺服执行机构主要参数

① 额定输出力矩。额定输出力矩是指在额定工作状态下，伺服作动设备输出的最大力矩。

伺服作动设备的负载一般包括：铰链力矩、惯性力矩、摩擦力矩和阻尼力矩。其中，铰链力矩是伺服作动设备最主要的力矩。

作用在伺服作动设备上的铰链力矩，主要是由于舵面偏转，作用在舵面上的气动力产生的。其大小取决于操纵面的类型及几何形状、空速、迎角或侧滑角以及舵面的偏转角。

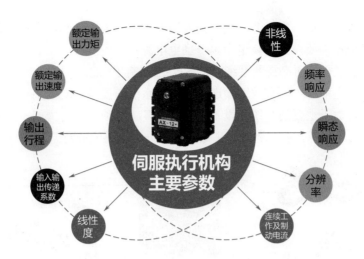

② 额定输出速度。额定输出速度是指在额定状态下输入指令时，伺服作动设备的输出速度。

③ 输出行程。输出行程是指输入信号从最大到最小变化时，伺服作动设备在正反两个方向运动的位移量的总和。最大行程是对控制权限的一种限制。

④ 输入输出传递系数。输入输出传递系数是指输出角度与输入电信号的比例系数。

⑤ 线性度。线性度是输出与输入关系曲线对直线的偏差。

⑥ 非线性。伺服作动设备的死区、滞环、饱和等都会引起设备的非线性。

⑦ 频率响应。频率响应通常是在总输入值5%～10%的输入信号下，当改变测试输入频率直到输出幅值衰减3dB时，将频率定义为伺服作动设备的频宽。对于快速响应系统，频宽是很重要的指标，频宽越宽系统响应越快，但同时抗干扰能力也就越差。一般要求伺服作动设备的频宽是无人机频宽的3～5倍。

⑧ 瞬态响应。瞬态响应是指输入加阶跃信号时，伺服作动设备输出的时间响应。

⑨ 分辨率。分辨率是指从零位到引起可测出输出变化的最小输入值。通常分辨率要求为输入值的1%左右。

⑩ 连续工作及制动电流。连续工作电流是指在额定状态下输入指令时，伺服作动设备连续工作所消耗的电流。制动电流是指伺服作动设备制动状态下消耗的电流。

四、电气系统

为使无人机上各系统和设备正常工作，完成预定的功能，需要使用各种形式的能源。在无人机上使用的动力、测控、飞行控制与管理、导航、任务设备等系统都与电气系统有关。因此，电气系统是无人机系统的一个重要组成部分，它的工作状态及运行质量将直接影响无人机和全系统的正常工作。

无人机电气系统一般包括电源、配电系统、用电设备三个部分，电源和配电系统两者的组合统称为供电系统。供电系统的功能是向无人机各用电系统或设备提供满足预定设计要求的电能。

根据电气系统的位置，无人机电气系统又可分为机载电气系统和地面供电系统两部分。机载电气系统主要由主电源、应急电源、电气设备的控制与保护装置及辅助设备组成。

机载电气系统的供电电源一般是指无人机主动力装置直接驱动的发电装置，而电动无人机的动力电池即为无人机供电电源。在一些大型无人机上为适应用电系统或设备对供电类型的不同要求，还根据需要设置变换电源。一旦主电源系统发生故障，必须有应急电源，为无人机安全飞行和返航着陆所必需的系统或设备提供足够的电能。

配电系统应将电能可靠而有效地输送到各用电系统和设备。配电系统由传输电线和控制与保护装置组成。对于重要的系统或设备，还应有多路的独立供电措施。当配电系统中发生局部性的故障时，不能扩大影响到未发生故障的部分，更不能危及无人机的安全。

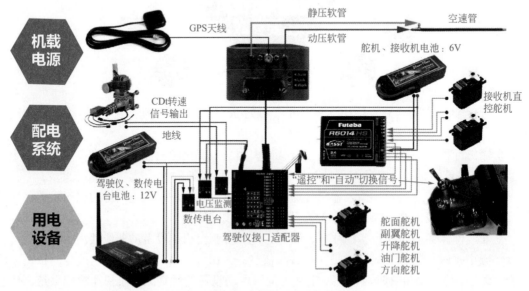

为使无人机上各系统和设备正常工作，完成预定的功能，需要使用各种形式的能源。
在无人机上使用的动力、测控、飞行控制与管理、导航、任务设备等系统都与电气系统有关。

五、任务设备

1. 类型

任务设备按用途分类，可以分为侦察搜索设备、测绘设备、军用专用设备、民用专用设备等。常用的侦察搜索设备有光电平台、SRA雷达、激光测距仪等，而测绘设备则有测绘雷达、航拍相机等。

2. 重量控制

重量是无人机设计制造和运行中的一个重要因素，任务设备加装或更换时必须对相关内容加以重视。

升力是抵消重力和维持无人机飞行的主要的力。然而，各种翼面产生的升力大小是受翼型设计、迎角、空速和空气密度限制的。因此，为确保产生的升力足以抵消重力，必须避免无人机的载荷超出制造商的建议重量，如果重量比产生的升力大，无人机可能不能飞行。

3. 平衡、稳定性和重心

无人机的重心（CG）位置对其稳定性和安全性非常重要。重心是一个点，如果无人机被挂在这个点上，那么无人机就会在这点获得平衡。

无人机配平的主要考虑是重心沿纵轴的前后位置。重心不一定是一个固定点；它的位置取决于重量在无人机上的分布。随着很多装载对象被移动或者被消耗，重心的位置就有一个合成的偏移。无人机驾驶员应该认识到，如果无人机的重心沿纵轴太靠前，就会产生头重现象；相反地，如果重心沿纵轴太靠后，就会产生后重现象。不适当的重心位置可能导致一种无人机的不稳定状态。

重心相对横轴的参考位置也很重要。对存在于机身中心线左侧的每一个对象的重量，有相等的重量存在于右侧的对应位置。然而，这可能由于横向的不平衡载荷而弄翻无人机。重心的横向位置是不计算的，但是无人机驾驶员必须知道横向不平衡条件肯定会导致不利影响的发生。如果从无人机一侧的油箱不均衡地向发动机供应燃油，由于此燃油载荷管理不善，就会发生横向不平衡。无人机可以通过调整副翼配平片或者在副翼上保持持续的控制压力来抵消发生的机翼变重状态。然而，这会把无人机飞行置于非流线型的状态，增加了阻力，从而降低了运行效率。

4.计算装载重量和重心

有很多方法来计算一架无人机的装载重量和重心，主要有计算法、图表法和查表法。

（1）计算法（以有人机为例）

假设：最大总重3400lb（1lb=0.45359237kg），中心范围78～86in（1in=2.54cm），前座乘客340lb，后座乘客350lb，燃油75gal（1gal=4.54609dm^3），行李区80lb。

为计算装载重量和重心，要按照以下步骤进行。

第一步：列出飞机、乘客、燃油和行李的质量。记住，燃油质量是6lb/gal。

第二步：输入列出的每一物体的力矩。

第三步：合计质量和力矩。

第四步：计算重心，用总力矩除以总质量。

备注：一架特定飞机的质量和平衡记录会提供空重和力矩以及力臂距离信息。

总装载重量为3320lb，没有超出3400lb的最大总重。重心为84.8in，位于78～86in的范围内。所以，这架飞机的装载没有超限。

（2）图表法

计算装载重量和重心的另一个方法是使用制造商提供的图表。为简化计算，有时力矩会除以100、1000或者10000。

假设：前座乘客340lb，后座乘客300lb，燃油40gal，行李区120lb。

除了提供的图表可以计算力矩，让飞行员计算飞机的装载是否越限外，还应该遵守和计算法一样的步骤。为使用载荷图（Loading Graph）来计算力矩，找到计算的重量，画一条水平直线和需要计算力矩的项目的线相交，然后从交点向下画线来计算力矩。一旦每一个项目都已完成，就可以总计重量和力矩，就可以在重心-力矩包迹图上画相应的直线。如果直线交点位于包迹内，那么飞机的装载处于限制之内。

（3）查表法

查表法的使用和计算法以及图表法具有相同的原理，信息和限制包含在制造商提供的表格里。

第二节

控制站

指挥控制与任务规划是无人机控制站的主要功能。无人机控制站也称地面站、遥控站或任务规划与控制站。在规模较大的无人机系统中，可以有若干个控制站，这些不同功能的控制站通过通信设备连接起来，构成无人机控制站系统。

地面控制站

无人机控制站系统的功能通常包括指挥调度、任务规划、操作控制、显示记录等。

指挥调度功能主要包括上级指令接收、系统之间联络、系统内部调度。

任务规划功能主要包括飞行航路规划与重规划、任务载荷工作规划与重规划。

操作控制功能主要包括起降操纵、飞行控制操作、任务载荷操作、数据链控制。

显示记录功能主要包括飞行状态参数显示与记录、航迹显示与记录、任务载荷信息显示与记录等。

一、系统组成

标准的无人机控制站通常由数据链路控制、飞行控制、载荷控制、载荷数据处理四类硬件设备机柜构成。无人机控制站系统可以由不同功能的若干控制站模块组成，主要包括以下内容。

〔1〕指挥处理中心

指挥处理中心主要是制订无人机飞行任务、完成无人机载荷数据的处理和应用。指挥中心/数据处理中心一般都是通过无人机控制站等间接地实现对无人机的控制和数据接收。

〔2〕无人机控制站

无人机控制站主要由飞行操纵、任务载荷控制、数据链路控制和通信指挥等部分组成，可完成对无人机机载任务载荷等的操纵控制。一个无人机控制站可以指挥控制一架无人机，也可以同时控制多架无人机；一架无人机可以由一个控制站完成全部的指挥控制工作，也可以由多个控制站来协同指挥控制工作。

〔3〕载荷控制站

载荷控制站与无人机控制站的功能类似，但载荷控制站只能控制无人机的机载任务设备，不能进行无人机的飞行控制。

二、显示系统

地面控制站内的飞行控制席位、任务设备控制席位、数据链管理席位都设有相应分系统的显示装置，因此需综合规划，确定所显示的内容、方式、范围，主要的显示内容包括以下三个方面。

（1）飞行参数综合显示

飞行参数综合显示可根据飞行与任务需要，选择需要的系统信息予以显示，便于无人机驾驶员判读。主要包括以下四个方面。

① 飞行与导航信息。飞行与导航参数是无人机驾驶员控制无人机执行任务所必需的信息，显示内容一般包括：无人机飞行姿态角及角速度信息；无人机飞行位置、高度、速度信息；大气数据信息；发动机状态信息；伺服控制及舵面响应信息。

② 数据链状态信息。它包括数据链设备工作状态及信道状态等，显示的主要内容有：链路工作状态的主要工作参数；各种链路设备的工作参数；各种链路设备的工作状态。

③ 设备状态信息。在飞行过程中，需要提供必要的系统设备状态信息，帮助无人机驾驶员正确做出相关控制，显示内容一般包括：机载航空电子状态信息；机载任务设备状态信息；地面设备状态信息；机载供电信息；导航状态信息；时钟信息。

④ 指令信息。控制指令是显示无人机驾驶员判断操纵指令发送有效性的重要信息。控制指令作为在线监测内容，能够明确表达和描述指令发送是否有效，同时可对指令通道简单故障定位，显示内容应包括指令代码、发送状态、接收状态。

（2）告警

告警信息包括视觉告警和听觉告警。视觉告警主要包括灯光告警、颜色告警和文字告警等；听觉告警主要包括语音告警和音调告警等。

按告警级别又可分为提示、注意和警告三个级别。

① 提示。表明需要提示操纵人员重视系统安全或工作状态、性能状态以及提醒操纵人员进行例行操纵的信息。

② 注意。表明即将出现危险状况，发展下去将危及飞行安全，或使某系统、设备故障，将影响飞行任务完成或导致系统、设备性能降低，需引起操纵人员注意，但无须立即采取措施的信息。

③ 警告。表明已出现了危及飞行安全的情况，需立即采取措施的信息，它是告警的最高级别。

（3）地图航迹显示

地图航迹显示可为无人机驾驶员提供无人机位置等导航信息。它包括了飞机的导航信息显示、航迹绘制显示以及地理信息的显示。

① 导航信息显示。它能够显示无人机实时定位信息、机载定位传感器设备状态信息、无人机导航信息、导航控制相关参数和任务规划信息。

② 航迹绘制显示。在无人机飞行过程中，往往要动态监视无人机位置及飞行轨迹，无人机驾驶员可以据此信息进行决策，规划飞行航路。无人机位置和航迹显示应能直观形象、简洁明快地显示无人机图标、背景地图、规划航线和飞行航迹线等信息。

③ 地理信息显示。地理信息可视化是地图航迹显示软件的一个重要功能，应包含多层信

息内容，可根据需要选择若干层面予以显示。主要包括图形用户界面、开窗缩放功能、窗口自动漫游、多种显示方式的运用和比例尺控制显示、符号、注记、色彩控制等。

三、操纵系统

无人机操纵与控制主要包括起降操纵、飞行控制、任务设备（载荷）控制和数据链管理等。地面控制站内的飞行控制席位、任务设备控制席位、数据链路管理席位都应设有相应分系统的操作装置。

【1】起降操纵

起降阶段是无人机操纵中最难的控制阶段，起降控制程序应简单、可靠、操纵灵活，操纵人员可直接通过操纵杆和按键快捷介入控制通道，控制无人机起降。根据无人机不同的类别及起飞重量，其起飞降落的操纵方式也有所不同。

① 起飞方式

a.手抛：采用人力手掷起飞，一般用于微型无人机。

b.弹射：采用压缩空气或橡皮筋等储能发射无人机，一般用于轻、微型无人机。

c.零长发射：采用火箭助推方式发射无人机，一般用于小、轻、微型无人机。

d.投放发射：采用母机挂载发射方式或投抛方式发射无人机，一般用于小、轻型无人机。

e.滑跑起飞：采用跑道滑跑起飞，一般用于大、小型无人机。

② 回收方式

a.伞降回收：利用机载降落伞回收无人机，一般用于小、轻、微型无人机。

b.撞网回收：利用地面的回收网，引导无人机撞网回收，一般用于轻、微型无人机。

c.气囊回收：利用机载气囊装置回收无人机，一般用于微型无人机。

d.滑跑降落：利用地面跑道滑跑降落，一般用于大、小型无人机。

当前，国内民用无人机系统的起降，可采用自主控制、人工遥控或组合控制等模式进行控制。自主控制是指在起降阶段，操纵人员不需要介入控制回路，无人机借助机载传感器信息，或辅助必要的引导信息，由机载计算机执行程序控制，可自动完成无人机的起飞和回收控制。人工遥控是无人机驾驶员通过无线电数据链，利用地面站获取的无人机状态信息，发送无人机控制指令，引导无人机发射和回收。

【2】飞行控制

飞行控制是指采用遥控方式对无人机在空中整个飞行过程的控制。无人机的种类不同、执行任务的方式不同，决定了无人机有多种飞行操纵方式。遥控方式通过数据链路对无人机实施飞行控制操纵，一般包括舵面遥控、姿态遥控和指令控制三种方式。

① 舵面遥控。这种控制方式是由遥控站上的操纵杆直接控制无人机的舵面，遥控无人机的飞行。

② 姿态遥控。姿态遥控是在无人机具有姿态稳定控制机构的基础上，通过操纵杆控制无人机的俯仰角、滚转角和偏航角，从而改变无人机的运动。

③ 指令控制。这种方式是通过上行链路发送控制指令，机载计算机接收到指令后按预定的控制模式执行。这种方式必须在机载自动驾驶仪或机载飞行管理与控制系统自动控制的基础上实施。指令方式一般包括：俯仰角选择与控制、高度选择与保持、飞行速度控制、滚转选择与控制、航向选择与保持、航迹控制。

〔3〕任务设备控制

任务设备控制是地面站任务操纵人员通过任务控制单元（任务控制柜）发送任务控制指令，控制机载任务设备工作；同时地面站任务控制单元处理并显示机载任务设备工作状态，供任务操纵人员判读和使用。

〔4〕数据链管理

数据链管理主要是对数据链设备进行监控，使其完成对无人机的测控与信息传输任务。机载数据链主要有：V/UHF视距数据链、L视距数据链、C视距数据链、UHF卫星中继数据链、Ku卫星中继数据链。

第三节

通信链路

无人机通信链路主要是指用于无人机系统传输控制、无载荷通信、载荷通信三部分信息的无线电链路。

根据ITU-M.2171报告给出的定义，无人机系统通信链路是指控制和无载荷链路，主要包括指挥与控制（C&C）、空中交通管制（ATC）、感知和规避（S&A）三种链路。

通信网络中两个结点之间的物理通道称为通信链路。

根据通信链路的连接方法，可把通信链路分为：

① 点对点连接通信链路，这时的链路只连接两个结点；

② 多点连接链路，指用一条链路连接多个（$n>2$）结点。

根据通信方式不同，可把通信链路分为：单向通信链路和双向通信链路。

控制站与无人机之间进行的实时信息交换便需要通过通信链路来实现。地面控制站需要将指挥、控制及任务指令及时地传输到无人机上，同样，无人机也需要将自身状态（速度、高度、位置、设备状态等）以及相关任务数据发回地面控制站。无人机系统中的通信链路也常被称为数据链。民用无人机系统一般使用点对点的双向通信链路，也有部分无人机系统使用单向下传链路。

无人机通信链路需要使用无线电资源，目前世界上无人机的频谱使用主要集中在UHF、L和C波段，其他频段也有零散分布。

一、机载链路设备

机载链路设备是指无人机上用于通信联络的电子设备，常被称为机载电台，集成于机载设备中。机载通信设备的发展趋势主要是数字化（实现以机载电子计算机为中心的数字通信）和综合化（将单一功能电台综合为多功能电台，进而将无人机电台与其他机载电子设备组成多功能综合电子系统），进一步减小机载通信设备的体积、重量和功耗，提高其可靠性、保密性和抗干扰能力。

机载电台一般由发射机、收信机、天线、控制盒和电源等组成。发信机和收信机是电台的主体，一般安装在飞机电子舱或靠近天线处，通过电缆与控制盒连接。视距内通信的无人机多数安装有全向天线，需要进行超视距通信的无人机一般采用自跟踪抛物面卫通天线。

二、地面链路设备

民用通信链路的地面终端硬件一般会被集成到控制站系统中，称为地面电台，部分地面终端会有独立的显示控制界面。视距内通信链路地面天线采用鞭状天线、八木天线和自跟踪抛物面天线，需要进行超视距通信的控制站还会采用固定卫星天线。

机载链路设备

地面链路设备

第三章

飞行原理与飞行性能

第一节

国际标准大气

　　空气可以认为是由无数独立的粒子所组成的，也就是所谓的分子，它们都处于激烈的运动中。气体的温度是衡量这种运动激烈程度的标准之一。温度低时分子的运动比温度高时要缓慢。可以说，运动的分子发生碰撞对浸没在其中的物体产生了气体压力。密度是衡量在给定空间里分子数目多少的一个标准。

　　在低速空气动力学中，研究空气的分子组成是没有必要的。无人机飞行的介质是流体，但这并不是说空气是液体。液体是一种几乎不可压缩的流体，而气体是可以压缩的流体。无人机的速度达不到要考虑空气可压缩性的程度。这个结论对于全尺寸的高性能滑翔机、超轻型、轻型和商用飞行器，乃至中型的活塞式运输机都是成立的。

　　可压缩性的问题只在处理喷气动力飞机以及螺旋桨桨尖和直升机旋翼问题时才需考虑。对于低速无人机来说，空气总可以被认为是不可压缩的流体。即便如此，密度变化的意义还是很重要的，它跟高度和天气有关。在高海拔和高温环境中，空气密度比贴近海平面和低温环境中的密度要小。航空器驾驶员在高原或者热带操作飞机时发现空气密度的确会对飞行造成一些影响，比如，要得到相同的升力就必须飞得更快一些；发动机和螺旋桨也受到一些负面影响。空气的潮湿程度（即湿度）也会影响密度。干燥的空气比潮湿的空气更加稠密。因此湿度也会对空气动力产生影响，并且有些驾驶员认为这些影响是可以感觉到的，特别是对一些轻小的飞机来说比较明显。热空气因为比周围的空气更加潮湿而上升，所以滑翔机飞行员经常会利用上升的热气流进行空中的滑翔。

密度通常用"kg/m^3"（即每单位体积的质量）来表示。在空气动力学中，将海平面附近常温常压下空气的密度1.255kg/m^3作为一个标准值。在多数设计中，这个值是够用的。用希腊字母ρ代表密度。

第二节

无人机空气动力学基础

一、速度与加速度

速度（用v表示）在标准公式中量纲用的是m/s而不是km/h。

要打破平衡，改变速度大小或飞行方向，需要力的变化来引起相应的加速度的变化。

牛顿第二运动定律表明，要获得给定加速度，所施加的力的大小取决于无人机的质量。质量与重量不是一回事儿，尽管在平常的语言中，这两个词通常是指同一件事。重量是由质量而来的。如果一架无人机由火箭带到火星上，在当地大气条件下测试的话，那么在大部分时间的旅程中，它是没有重量的，并且到达火星后重量也会比在地球上要轻，这是由火星较低的重力加速度所造成的。但是质量在整个过程中是不会变化的，因为无人机中的材料，如木头、金属、塑料等的数量是一样的。

一个具有很大质量的物体需要用更大的力去打破它的平衡才能达到给定的加速度，而小质量的物体所需的力则小。这样一个性质有时是个优点，比如无人机受突风影响的时候。小质量的无人机在受到突风影响的时候可能会翻滚，而大质量的无人机可能只有微小的方向变化。但是大质量也需要较大的力使其从静止加速到飞行速度，再从平飞改变为爬升，同时保持转弯，还要较大的力使无人机重新回到静止状态。无论什么时候由外力打破平衡，比如加速或减速，或者方向的变化，物体的惯性都会阻止这种变化。

二、牛顿三大运动定律

所有空气动力学理论都建立在运动定律之上。这些最初由牛顿创立的理论至今在工程领域的地位仍然不可动摇，前提是只要所讨论的物体的速度远小于光速，并且所研究的固体和流体的尺寸和密度在通常的范围内。量子力学和相对论虽然在高能物理和天文学中比牛顿力学更受青睐，但是对于理解无人机空气动力学来说完全没有必要掌握。

牛顿第三定律表明作用力和反作用力是大小相等方向相反的。当一个飞行器静止在地面上时，它的重力方向向下，与由地面施加的大小相等方向相反的反作用力恰好构成平衡。一辆小轿车以恒定的速度运动时同样受到重力和地面反作用力的作用，但是还有一个牵引力使得汽车运动。这个力的反作用力是由地面的摩擦力和空气阻力提供的。

任何不平衡的力都会产生加速度。一架在地面上的无人机，起飞前可能被拉住，但发动机是开着的。发动机的推力与拉力方向相反，大小相等，所以平衡，一旦放开，无人机就开始加速。它一开始运动，空气阻力和地面摩擦力也就随之而来，而且无人机速度越快，这些阻力也就越大。只要总的阻力小于推力，无人机会一直加速。当两者大小相等时，无人机达到某个速度飞行，此时又重新达到了平衡。

在水平飞行中，垂直向下的重力由一个垂直向上的反作用力平衡着。在一般的飞行器中，这个反作用力来自于机翼和可能的其他表面，但是也可能以其他形式的力来提供。直升机靠它的旋翼来支撑，悬停的"鹞"式飞机靠推力来支持。如果向上的反作用力比重力小，飞行器就会向下加速。要停止这个加速运动就必须重新产生反作用力来平衡重力。这可以带来平衡但是不会阻止下降。要做到不再下降就必须施加更大的力使其减速。所有的加速或减速都会由飞行器的质量来反抗，也就是惯性。

三、力的平衡

如果一个物体处于平衡状态，那么它就有保持这种状态的趋势。所有施加在平衡物体上的外力都是平衡的，不会有任何改变其状态或往任何方向加速或减速的趋势存在。这些很容易理解，只要看看立在地面上的东西，比如家具或者放在架子上或桌面上的飞机模型就知道了，它们不会移动。如果没有外界的干扰，比如说以某种方式使其加速，这些物体会一直保持其状态。移动的物体也可能处于平衡状态。一架在静止大气中做水平直线飞行的飞机，它既不加速也不减速，也不转弯，这时它就处于平衡状态，并且倾向于做持续稳定飞行。同样道理，如果这个飞行器以恒定的速度直线爬升，那么它也处于平衡状态。即使高度增加了，它也仍然处于平衡状态。如果没有新的外力施加在它上面，它将沿着其爬升方向稳定地飞行。即使爬升是完全垂直的，只要它的速度保持稳定，并且方向不发生变化，它仍然是平衡的。同理，当它以固定的速度俯冲时也是处于平衡状态。平衡是事物一种非常普遍的状态，不稳定运动状态与稳定运动状态或者静止状态的不同之处就是多了加速度。

水平飞行的动力飞行器受到许多施加在它各个部分的力的影响，但是所有的这些力都可以按作用和反作用分成4个力。向上的主要的力来自机翼，但是尾翼也提供少许的升力，因此尾翼的贡献也必须加入（或减去）到总的垂直方向的作用力中。螺旋桨轴或喷气推力线的方向可能与飞行方向不一致。这是因为飞行器设计人员特意对发动机以一个相对机身的安装角进行设计（产生下推力或上推力），或是由于机体本身在某个速度飞行时并不与来流方向一致。到底有多大的上推力或下推力，可通过力的分解来获得。

力可以通过一个方向与力的指向相同的箭头按比例进行描绘。比如，一个3N的力用一个长3cm、指向力的方向的箭头或矢量来描绘，其他的力和方向则要按比例长度的箭头来表示。这样做可以将螺旋桨拉力分解为一个沿着飞行方向的力和一个与之垂直的力，把它作为这个矩形的对角线。这个矩形两边的长度和方向就是所需的比例，也就是发动机在垂直和水平方向的贡献。在大多数的情况中，推力方向与飞行方向不会偏离很远，所以大部分的功率都转变成了推力。

力的分解的原则应用非常广泛。

四、伯努利定律

当空气遇上任何物体，比如说机翼，空气会产生偏转，一些空气从机翼上表面通过，一些空气从机翼下表面通过。在这个流动过程中会产生复杂的速度和压力的变化。要产生升力，上下表面的平均压力必须有差异才行。

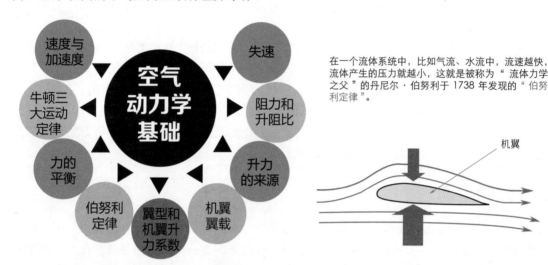

在一个流体系统中，比如气流、水流中，流速越快，流体产生的压力就越小，这就是被称为"流体力学之父"的丹尼尔·伯努利于 1738 年发现的"伯努利定律"。

伯努利的理论将流动的速度和流动中任意一点的压力联系起来。这个理论是运动和能量定律的一个特殊应用。对于管道类的轮船周围的流动，它是一个最基础的理论，对于空气动力学和飞行来说也是一样。

想象一个平滑流动或流线型流动气流里面的空气微团，如果各个方向对它施加的压力都是相等的话，那么它就处于平衡状态。如果有任何不同的压力，这个微团的平衡就会被打破，根据牛顿第二定律，微团要么加速要么减速，如果后部的压力大于前部的压力，速度会增加；如果后部的压力小于前部的压力，速度则减小。因此当微团接近一个低压区时会加速，接近高压区时会减速。我们可以用另一种方法来描述这件事情，即如果流体速度降低，其压力必然升高。微团并不是孤立的，而是某个流动中的一部分，这个规律是适用于每个微团的，因此流动在接近低压或高压区时会分别加速或减速。这个原理的简单的数学表达就是伯努利定律，以下式表示，其中，p 表示压力，v 表示速度，ρ 表示密度。

$$p+\frac{1}{2}\rho v^2=常数$$

空气密度是常数（密度不会改变），压力和速度因此就成了变量，如果一个增加，另一个就减少。这个原理的著名的应用就是文氏管，它通常用在航空领域来测量空速，在日常生活中用于通过水龙头或橡胶软管来产生高速水流。

通过一个收缩管道的流体，内部空间全部被充满。在每个单位时间内，流进一定质量的流体，出口就流出同样质量的流体。在管道的收缩区，由于横截面较小，通过它的流体的速度必然增加，这样才能保证在相同的时间内流出相同质量的流体。根据伯努利定律，这个速度的增加必然造成收缩区压力的降低。空气在收缩区域内变得长而窄，在达到管道的宽阔处后又变回其原来的形状，这样就形成流线。

经过任何物体的流动，只要是流线型的流动，就会产生相似的流动变形，同时伴随着速度和压力的变化。这个与流过机翼的流动十分相似。

五、翼型和机翼升力系数

机翼的效率受翼型的影响极大，在一定程度上受翼型弯度的影响和厚度的影响。

飞行器中的机身和其他相似外形的部件也能产生一些微小的升力，大小取决于它们的外形和迎角。对于航天飞行的载人飞行器来说，专门设计了一个没有机翼的"升力体"；但对于通常的飞行器来说，机体对升力的贡献几乎是可以忽略的。然而，机身确实会产生一些与升力可比较的力，它影响着飞行器的稳定性，而且其总是与使飞行器处于给定迎角下的安定面的配平作用力相反。相似的横侧向不稳定扰动由垂直安定面来阻止，它是一个与机身成直角安装的小型的翼面，能产生侧向力来纠正飞行器的偏航和侧滑。

为了方便起见，空气动力学家们将所有的非常复杂的机翼外形和配平等因素汇总简化成一个系数，即升力系数，这个系数可以说明一个飞行器或其任意部件产生升力的情况。一个大小为1.3的升力系数 C_L，表明它将比 $C_L=1.0$ 或 $C_L=0.6$ 时产生更大的升力，而 $C_L=0$ 时表明没有升力产生。C_L 没有量纲，它是一个为了比较和计算而被抽象的量。

对于水平飞行，飞行器产生的总升力等于总重力，所以可以写出下式：

总升力＝总重力

或者
$$L=Wg$$

（作用力＝反作用力）

式中，W 为飞行器质量，kg；g 为重力加速度。

这个公式在飞行器下滑或是爬升过程中是不适用的。影响升力的因素是飞行器的尺寸或面积、飞行速度、空气密度以及 C_L 等。这些因素中的任何一个增加，比如说更大的面积、更快的速度、更高的密度或更大的升力系数，都能产生更大的升力。所以当用公式表示升力时，希望这些因素都能体现在公式里面，用数学语言表示即升力是 ρ、v、S 和 C_L 的函数。

18世纪，在基本力学原理的基础上，伯努利做出了开创性的工作，给出升力的标准公式，可以表示为

$$L=\frac{1}{2}\rho v^2 S C_L$$

一个水平飞行的飞行器，升力必须等于重力。如果飞行器的重力增加了（或者说生产出来的飞行器比预计的要重些），所需的升力也必须增加，公式右边的一个或多个参数值就必须增加。

我们无法控制空气密度 ρ，但飞行器可以通过增大机翼迎角获得更大的 C_L 来重新配平，也可以增加机翼面积 S，尽管这可能会增加飞行器的重量并且可能导致飞行速度的增加。由于飞行速度 v 在公式中是以平方的形式出现的，在其他参数不变的条件下，v 的小幅增加会导致升力的大幅增加。根据这个公式，在给定面积、配平等情况下，一个较重的飞行器需要比较轻的飞行器飞得快才行。但是，增加速度意味着消耗更多的能量，而且在某些情况下，飞行器发动机可能提供不了足够的动力来保证飞行。此时，如果从一定高度放飞飞行器，它将会以某个角度下滑，就像滑翔机一样（即使它的发动机处于最大功率状态）。

六、机翼翼载

从上述内容可以看出，质量与机翼面积之比（翼载）非常重要。翼载经常写成W/S，单位是kg/m^2。忽略燃油消耗造成的微小影响，在飞行过程中，飞行器的质量是一个常数。在给定的配平状态（迎角）下的速度完全取决于翼载。这个关系可以通过整理升力公式得到。在水平飞行中，$L=Wg$，公式两边同时除以S，即

$$Wg/S=L/S=\frac{1}{2}\rho v^2 C_L$$

对于滑翔机和下滑中的飞机来说，升力和重力并不完全相等，$L=Wg\cos\alpha$，但是在一般的小于$10°$俯冲角或爬升角的情况下，两者相差不多。增加重量要求增加速度，这会耗费更多的功率来保持飞行（在滑翔机中需要更强的上升气流保持滑翔机飞行）。

七、升力的来源

在机翼上，压力最大的点也就是所谓的驻点，在驻点处是空气与前缘相遇的地方。空气相对于机翼的速度减小到零，由伯努利定律知道这是压力最大的点。上翼面和下翼面的空气必须从这个点由静止加速离开。在一个迎角为零、完全对称的机翼上，从驻点开始，流经上下表面的气流速度是相同的，所以上下表面的压力变化也是完全相同的。这和在狭长截面的文氏管中的流动是相似的，在流速达到最大的点，其压力达到最小。在这个最小压力点之后，两个表面的流速同时降低。空气最终必定要回到主来流当中，压力也恢复正常。由于上下表面的速度和压力特性是相同的，因此这种状态的机翼不会产生升力。

如果对称机翼相对来流转了一个迎角，驻点就会稍稍向前缘的下表面移动，并且流经上下表面的空气流动情况也发生了改变，流经上表面的空气被迫多走了一段距离，在上下表面，空气仍然有一个从驻点加速离开的过程，但是在下表面的最高速度要小于上表面的最高速度。因此机翼下表面的压力就比上表面的压力大，升力由此产生。所以只要旋转一个正的迎角，对称翼型完全能够产生升力。

一个有弯度的翼型展示了与对称翼型相似的速度和压力分布，但是由于翼型存在弯曲，尽管弦线的位置可能是几何零迎角，平均压力和升力与对称翼型仍然存在差异。

在某些几何迎角为负的位置上，上下表面的平均压力是可能相等的，因此有弯度翼型存在一个零升迎角，这是翼型的气动力零点。尽管在这个迎角下没有产生升力，但由于翼型弯度的存在，上下面的流动特征是不一样的。因此，尽管上下表面没有平均压力差，在翼表面上却会产生不平衡并导致俯仰力矩的产生，这个力矩在飞行器配平中非常重要。

升力系数有一个非常明确的极限值。如果迎角太大或是弯度增加太多的话，流线就会被破坏并且流动从机翼上分离。分离剧烈地改变了上下表面的压力差，升力大幅度降低，机翼处于失速状态。

气流分离在小范围内是一种普遍现象。在上表面，流动可能在后缘前某个地方就分离了，气流在上下表面都可能分离，但是有可能再附着。这就是所谓的"气泡分离"。

八、阻力和升阻比

飞行器的所有部件，包括机翼、尾翼、机身以及每个暴露在空气中的部件都会产生阻

力。即使在发动机机罩、机轮整流罩里面的部件，只要有空气流过就会产生阻力。伴随着升力的出现，阻力（D）也会随之产生。影响阻力的因素有飞行速度、空气密度、气动外形及尺度。阻力系数C_D，就像升力系数一样，综合了飞行器的所有特性，也是飞行器空气动力"洁净度"的尺度。其公式与升力公式形式相同，如下式所示。

$$D = \frac{1}{2}\rho v^2 S C_D$$

公式中的S，或者说面积，一般是指整个飞行器的机翼面积。如果在升力公式中用的是总面积（包括尾翼），则在阻力公式中也必须用相同的值。这就使得阻力和升力可以进行比较，并且通常以比值的形式出现，即升阻比L/D。对于水平飞行，升力等于重力，升阻比是个常数（忽略燃油消耗）。推力大小可以通过油门的设置进行调节，进而可以改变阻力的大小，这是因为在平衡状态的水平飞行中，推力和阻力是相等的。高速情况下，推力大阻力也大，但是总的升力保持不变，还是等于重力，升阻比就低。在低速时，仍然是水平飞行状态，阻力减小到一个值，升力还是等于重力，所以升阻比就增加了。这种阻力降低的趋势不会一直持续到最低速度，总的阻力系数在速度降低到某一值后反而会急剧地增加，它足以抵消速度的减小，因此在这个速度上，飞行器达到最大升阻比。这个值的大小给出了所有飞行器的一个粗略的效率尺度。

如同升力一样，在风洞试验的阻力测试中，如果对阻力公式中S理解错误就会产生混淆。在单独部件的测试中，如机身、机轮等，测量并在阻力的公式中使用的S是被测物体的横截面面积。这就给出了一个完全不同于整机中使用机翼面积所得到的这些部件的阻力系数。从风洞试验中可以得出机翼阻力特性曲线，同样也能得到翼型升力系数。但是在飞行中，真实机翼在整个翼展上的翼型升力系数同风洞中测试的数据是不一样的。

计算飞行器部件的实际阻力是完全没有必要的。重要的是知道阻力是如何产生的并如何减小它。常用的增加升力的办法就是改变配平或使用不同的机翼翼型。在水平飞行中，升力等于重力，这个关系在改变配平或者翼型后还是成立的，所以，虽然升力系数C_L可能增加，但是升力在平飞中还是等于重力的。每次翼型或迎角的变化都会改变飞机的阻力。飞行器飞行时阻力是不可避免的，但是减小阻力可使飞行更有效率。

1. 翼型阻力

形状阻力（形阻）或压差阻力是由于气流的经过，物体周围压力分布不同而造成的阻力，而蒙皮摩擦阻力或黏性阻力是由于空气和飞行器表面接触而产生的。将这些阻力分类是非常有用的，这些阻力很显然是同时产生的。机翼除了涡阻力之外还会同时产生形状阻力和蒙皮摩擦阻力（摩阻）。蒙皮摩阻和形阻之间的关系非常密切：一个会影响另外一个。举例来说，蒙皮摩阻很大程度上是由气流的速度决定的，而流向后方的流体的速度是由物体的外形来决定的。因此，特别是在考虑机翼时，形阻和摩阻通常放到一起考虑并用一个新的名词重新命名——翼型阻力，经常也称型面阻力。与诱导阻力（涡阻力）相比，蒙皮摩阻和形阻都直接与v^2成正比。所以，当速度增加而诱导阻力减小时，形阻和蒙皮摩阻增加，反之亦然。

2. 涡阻力

诱导阻力现在更多地被称为涡诱导阻力，简称涡阻力或涡阻。因为它是与从机翼翼尖或者任意表面拖出的涡联系在一起的，而这些涡产生了升力。涡的出现是直接跟升力联系在一起的：给定机翼的升力系数越高，涡的影响也越明显（这个可以与附着涡的强度联系起来。

附着涡越强，升力越大，同样翼尖涡系越强，阻力也越大）。当水平飞行速度v较低的时候，飞行器相对于高速状态来说必须工作在高升力系数下，飞行器的涡阻力因附着速度的降低而大大增加（数字上，涡阻力与$1/v^2$成正比）。上面提到的升阻比L/D在低速状态下会降低，涡阻力的增加是一个主要因素，但不是唯一的原因。

3.总阻力

飞行器在每个速度下的总阻力由总的涡阻力和所有其他的阻力组成。在涡阻力等于其他阻力和的地方，阻力达到最小值。由于在给定飞行器质量的水平飞行中，升力是个常数，在曲线上最小阻力点处就是飞行器的最大升阻比出现的位置。一个滑翔机的极曲线的形状与这条曲线的关系密切相关，比如，用下沉速度比平飞速度而不是用总阻力系数比总升力系数。

九、失速

只要机翼产生的升力足够抵消飞行器的总载荷，飞机就会一直飞行。当升力完全失去时，飞机就失速。

记住，每次失速的直接原因是迎角过大。有很多机动飞行会增加飞机的迎角，但是直到迎角过大之前飞机不会失速。

必须要强调的是，每架飞机的失速速度在所有飞行条件下都不是固定的值。然而，一架特定的飞机总会在同一个迎角时失速，而不管空速、重量、载荷因素或密度、高度。每一架飞机都有一个特殊的迎角，那时，气流从飞机的上表面分离，发生失速。根据飞机设计，临界迎角可以在$16°\sim20°$变化，但是每架飞机只有一个特定的发生失速的迎角。

飞机在三种情况下会超过临界迎角：低速飞行、高速飞行和转弯飞行。

飞机在平直飞行时如果飞得太慢也会失速。空速降低时，必须增加迎角来获得维持高速飞行所需要的升力。空速越低，必须增加越大的迎角。最终，达到一个迎角，它会导致机翼不能产生足够的升力维持飞机飞行，飞机开始下降。如果空速进一步降低，飞机就会失速，由于迎角已经超出临界迎角，机翼上的气流被打乱了（变成了紊流）。

还要再次强调的是，低速不是发生失速所必要的。机翼可以在任何速度下处于过大迎角。例如，假设一架飞机以200节空速俯冲，这时飞行员突然向后猛拉升降舵控制，由于重

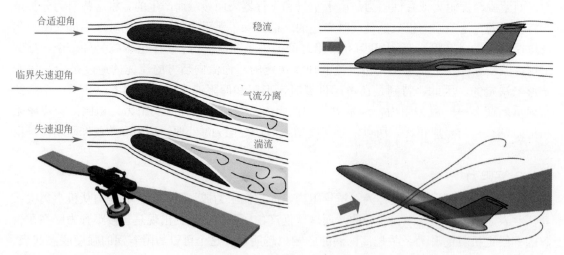

心和离心力，飞机不能立即改变它的航迹，只能突然地改变它的迎角，使之从很低到很高。由于飞机航迹和迎面而来空气的关系确定了相对风的方向，迎角突然增加，飞机会很快达到失速迎角，而这时它的空速比一般失速的空速大得多。

类似地，水平转弯时的飞机失速速度高于平直飞行时的失速速度。这是因为离心力增加到飞机的重力上，机翼必须产生足够的额外升力来抗衡离心力和重力的合力载荷。转弯时，必要的额外升力通过向后拉升降舵控制来获得。这增加了机翼的迎角，结果增加了升力。倾斜增加时，迎角必须增加以平衡离心力导致的载荷增加。如果在转弯的任何时候迎角过大，飞机就会失速。

在这里，应该检查失速时飞机的动作。为气动的平衡飞机，升力中心通常位于重心之后。尽管这让飞机固有地产生"头重"，但水平尾翼上的下洗流抵消了这个作用。可以看到，失速时机翼升力的向上力和尾部向下的力降低，不平衡条件就出现了。此时可使飞机迅速向下配平，绕它的重心转动。在机头下倾的姿态中，迎角降低，空速再次增加；因此，机翼上的气流再次变得平滑，升力恢复，飞机可以继续飞行。但是，在这个周期完成之前会损失相当大的高速（低空失速极度容易酿成灾难事故）。

第三节

机动飞行中的空气动力

一、转弯受力

如果从后面看一个平直飞行的飞机，而且如果作用于飞机的力可以看见的话，两个力（升力和重力）是显然的，如果飞机处于倾斜状态，可以明显看到升力不再正好和重力方向相反，升力作用在倾斜的方向上。实际情况是，当飞机倾斜时，升力作用方向是朝转弯的中心且向上的，这是在考虑飞机转弯时要记住的一个基本事实。

一个物体如果静止或者沿直线匀速运动会一直保持静止或匀速直线运动，直到某个其他的力作用于这个物体。飞机和任何其他运动物体类似，需要有一个侧向力使它转弯。在一个正常的转弯中，这个力是通过飞机的倾斜得到的，这时升力是向上和向内作用的。转弯时候的升力被分解为两个分力，这两个分力成合适的角度：一个是竖直作用的分力，和重力成对，称为垂直升力分量；另一个是水平指向转弯中心的分力，称为水平升力分量，或者叫向心力。这个水平方向的力把飞机从直线航迹拉动到转弯航迹上。离心力和飞机转弯时的向心力方向相反，大小相等。这就解释了为什么在正常转弯时使飞机转弯的力不是方向舵施加的（特定转弯情况下除外）。

飞机的驾驶不像小船或者汽车那样，为了转弯，它必须倾斜。反过来说，当飞机倾斜时，它就会转弯，让它不滑到转弯一侧。良好的方向控制是基于一个事实，即只要飞机倾斜它就会转弯，即协调转弯。

这个事实一定要牢记在心，特别是保持飞机处于平直飞行时。单就飞机的倾斜使得它转弯来说，飞机的总升力没有增加。然而就像上面分析的，倾斜时的升力分为两个分量：一个垂直的和一个水平的。这一分解降低了抵消重力的力，进而飞机的高度就会下降，需要增加额外的力来抵消重力。这是通过增加迎角来实现的，直到升力的竖直分量再一次等于重量。由于竖直分力随倾斜角度的增加而降低，那么就需要相应地增加迎角来产生足够的升力以平衡飞机的重力。当进行恒定高度转弯时，一定要记住升力的竖直分量必须要等于飞机的重量才能维持飞机的高度。

对于给定的空速，飞机转弯的快慢依赖于升力水平分量的大小。你会发现，升力的水平分量和倾斜角成正比，逻辑上也遵守倾斜角增加时升力的水平分量也增加，也就加快了转弯的速度。因此，对于任何给定空速，转弯速度可以通过调整倾斜角来控制。

在水平转弯中，为提供足够的升力竖直分量来维持高度，迎角需要有一定的增加。由于机翼阻力直接和迎角成正比，这就导致空速的降低和倾斜角成比例，小倾斜角的结果是空速的少量降低，大倾斜角时空速会降低很多。在水平转弯中，必须要增加额外的推力来防止空速降低；需要的额外推力大小和倾斜角成比例。

必须记住空速增加将导致转弯半径增加，离心力直接和转弯半径成正比。在一次正确执行的转弯中，升力的水平分量必须恰好等于向心力且方向相反。所以，当恒定角速度水平转弯时空速增加，转弯半径也要增加。转弯半径的增加导致离心力的增加，这也必须通过增加升力的水平分量来平衡，它只能通过增加倾斜角来增加。

内侧滑转弯时，飞机转弯的快慢和所倾斜的角度不对应，然后飞机会偏航到转弯航迹的内侧。飞机以一定的角速度转弯而倾斜过多时，水平升力分量大于离心力。升力的水平分量和离心力的平衡只有通过降低倾斜度、降低角速度或者两者的结合才能建立。

外侧滑转弯是由于离心力比升力的水平分量还大，把飞机向转弯的外侧拉。这个倾斜角度时的转弯太快了。外侧滑转弯的纠正引起角速度降低，倾斜角增加，或者两者的结合。为维持一个给定的角速度，倾斜角必须随空速变化。在高速飞机上这特别重要。例如，在400mile/h（1 mile/h=1.609km/h）时，飞机必须倾斜大约44°来完成一个标准的角速度（3°/s）。在这个倾斜角度上，只有大约79%的飞机升力构成升力的竖直分量，结果是高度的损失，直到迎角增加到足够补偿升力的损失。

二、爬升受力

实际飞行中，处于稳定的正常爬升状态的机翼升力和相同空速时平直飞行的升力是一样的。尽管爬升前后的飞行航迹变化了，但当爬升稳定后，对应于上升航迹的机翼迎角又会恢复到与平飞相同的值。只是在转换过程中，会有短暂的变化。

从平直飞行到爬升的转换期间，升力的变化发生在升降舵刚开始拉起的时候。飞机头的抬升增加了迎角，短暂地增加了升力。此时的升力大于重力，飞机开始爬升。当稳定爬升后，迎角和升力再次恢复到水平飞行时的值。

如果爬升时功率不改变，空速一般会降低，因为维持平飞时的空速需要的推力不足以维持相同的空速来爬升。当航迹向上倾斜时，飞机重量的一个分量作用于相同的方向，和飞机总阻力平行，因此也增加了诱导阻力。所以，总阻力大于推力，空速下降。一般空速下降的结果是阻力的降低，直到总阻力（包含相同方向的重力分量）等于推力。动力、空速的变化一般因不同的飞机大小、重量和总阻力以及其他因素而变化。

通常，当空速稳定后，推力和阻力，以及升力和重力再次平衡，但是比相同功率设置下的平飞状态的空速值要低。由于在爬升中飞机的重力不仅向下作用，还随阻力向后作用，这就需要额外的功率以保持和平飞时相同的空速。功率大小依赖于爬升角度。如果爬升的航迹很陡峭，那么可用功率将不足，空速较低，所以剩余功率的大小决定了飞机的爬升性能。

三、下降受力

如同爬升一样，飞机从平直飞行进入下降状态，作用于飞机的力必定变化。这里的讨论假定下降时的功率和平直飞行时的功率一样。

当升降舵推杆，飞机头向下倾斜时，迎角降低，结果是机翼升力降低。总升力和迎角的降低是短暂的，发生在航迹变成向下时。航迹向下的变化是由于迎角降低时升力暂时小于飞机的重量。升力和重力的不平衡导致飞机从平直航迹开始下降。当航迹处于稳定下降时，机翼的迎角再次获得原来的大小，升力和重力会再次平衡。从下降开始到稳定状态，空速通常会增加。这是因为重力的一个分量在沿航迹向前作用，类似于爬升中的向后作用。总体效果相当于动力增加，然后导致空速比平飞时增加。

为使下降时的空速和平飞时相同，很显然，功率必须降低。重力的分量沿航迹向前作用将随迎角的增加而增加；俯角减小时重力向前的分量也减小。因此，为保持空速和巡航时一样，下降时要求降低的功率大小通过下降坡度来确定。

第四节

飞机的飞行性能

一、滑翔

滑翔状态时发动机处于小油门状态，或怠速甚至关机状态。重力垂直向下，但是可分解成一个沿着飞行方向的力和一个垂直飞行方向的力。滑翔机在重力分力的作用下沿着飞行方向运动。空气反作用力的合力可以近似地分解为垂直飞行方向的升力和与之垂直并与飞行方向相反的阻力。这个力分解图跟水平飞行的四力图非常相似，不过整个图被旋转了一个角

飞机在滑翔状态

飞机在俯冲状态

飞机在爬升状态

度，这就是所谓的下滑角。一个较大的下滑角会导致一个很大的重力分量，这个分量会拉着飞行器沿着其飞行轨迹运动。它会一直加速，直到空气反作用力的阻力分量变得足够大时，它才会再次进入平衡状态。

二、俯冲

在俯冲状态中，甚至在某些极限状态下，飞行轨迹完全垂直向下，重力和推力（如果还存在）同时拉着模型向下运动，这时唯一的反作用力就是阻力了。当阻力变得足够大以至于能够平衡重力和推力时，速度通常是极高的，但很可能在这个极限速度达到之前，飞机就已经坠毁了。

三、爬升

在爬升状态中，总的支持力是机翼的升力和发动机推力的合力。重力可以分解为两个分量：一个与升力反向；另一个与推力反向，也就是与阻力同向。结果就是四力的平衡状态下被旋转了一个爬升角。极限的情况就是垂直爬升，这时重力和阻力的方向与推力相反。这种飞行的例子常见于直升机，但是常规的固定翼飞行器，如果有足够的推力，它也是进行垂直爬升动作。在这种状态下，机翼的升力肯定为零，而且它的迎角也必须为零，这样才能不产生升力。因此，很明显的事实就是，想要爬升得更陡和更快就必须有强大的推力，机翼的作用是次要的，推力必须能够克服重力和阻力的合力。

第五节

飞机的稳定性

飞机在飞行过程中，经常会受到各种各样的干扰，这些干扰会使飞机偏离原来的平衡状态，而在干扰消失后，飞机能否自动恢复到原来的平衡状态，这就涉及飞机的稳定性或不稳定的问题。

所谓飞机的稳定性，是指在飞行过程中，如果飞机受到某种扰动而偏离原来的平衡状态，在扰动消失后，不经飞行员操作，飞机能自动恢复到原来平衡状态的特性。如果能恢复，则说明飞机是稳定的；如果不能恢复或者更加偏离原来的平衡状态，则说明飞机不是稳定的。

飞机在空中飞行，可以产生俯仰运动、偏航运动和滚转运动，飞机绕横轴的运动为俯仰运动；绕立轴的运动为偏航运动；绕纵轴的转动为滚转运动。根据飞机绕机体轴的运动形式，飞机飞行时的稳定性可分为纵向稳定性、航向稳定性和横向稳定性。

一、飞机的纵向稳定性

当飞机受微小扰动而偏离原来的纵向平衡状态（俯仰方向），并在扰动消失以后，飞机能自动恢复到原来纵向平衡状态的特性，叫作飞机的纵向稳定性。

在飞行过程中，作用于飞机的俯仰力矩主要是机翼力矩和水平尾翼力矩。当飞机的迎角发生变化时，在机翼和尾翼上都会产生一定的附加升力，这个附加升力的合力作用点称为飞机的焦点。当飞机受到扰动而机头上仰时，机翼和水平尾翼的迎角增大，产生一个向上附加升力，如果飞机重心位于焦点位置的前面，则此向上的附加升力会对飞机产生一个下俯的稳定力矩，使飞机趋向于恢复原来的飞行状态。反之，当飞机受扰动而机头向下俯时，机翼和水平尾翼的迎角减小，会产生向下的附加升力，此附加升力重心形成一个上仰的稳定力矩，也使飞机趋向于恢复原来的稳定状态。

因此，飞机的纵向稳定性主要取决于飞机重心的位置，只有当飞机的重心位于焦点前面时，飞机才是纵向稳定的；如果飞机的重心位于焦点之后，飞机则是纵向不稳定的。重心前移可以增加飞机的纵向静稳定性，但并不是静稳定性越大越好。例如，静稳定性过大，升降舵的操纵力矩就难以使飞机抬头。因此，重心前移使稳定性过大，会导致飞机的操纵性变差。

飞机重心位置会随飞机载重的分布情况不同发生变化。当重心位置后移时，将削弱飞机的纵向稳定性。所以在配置飞机载重时，应注意妥善安排各项载重的位置，不使飞机重心后移过多，以保证重心位于所要求的范围以内。

二、飞机的航向稳定性

飞机受到扰动以致航向平衡状态遭到破坏，而在扰动消失后，飞机如能趋向于恢复原来的平衡状态，就具有航向稳定性。

飞机主要靠垂直尾翼的作用来保证航向稳定性。航向稳定力矩是在侧滑中产生的。飞机的侧滑飞行是一种既向前又向侧方的运动，此时，飞机的对称面和相对气流方向不一致。飞机产生侧滑时，空气从飞机侧方吹来，这时，相对气流方向和飞机对称面之间就有一个侧滑角 β。相对气流从左前方吹来叫左侧滑；相对气流从右前方吹来叫右侧滑。

飞机在飞行过程中，飞机受微小扰动，机头右偏，出现左侧滑，空气从飞机的左前方吹来作用在垂直尾翼上，产生向右的附加侧力 Z。此力对飞机重心形成一个航向稳定力矩，力图使机头左偏，消除侧滑，使飞机恢复航向平衡状态，因此飞机具有航向稳定性。

相反，飞机出现右侧滑时，就形成使飞机向右偏转的航向稳定力矩。由此可见，只要有侧滑，飞机就会产生航向稳定力矩，并使飞机消除侧滑恢复到原来的平衡状态。

随着飞行马赫数的增大，特别是在超过声速以后，立尾的侧力系数迅速减小，产生侧力的能力急速下降，使得飞机的航向稳定性降低。因此在设计超声速战斗机时，为了保证在最大平飞马赫数下仍具有足够的航向稳定性，往往必须把立尾的面积做得很大，有时还需要选用腹鳍以及采用双立尾的形式来增大航向稳定性。

三、飞机的横向稳定性

飞机受扰动以致横向平衡状态遭到破坏，而在扰动消失后，如飞机自身产生一个恢复力矩，使飞机趋向于恢复原来的平衡状态，就具有横向稳定性；反之，就没有横向稳定性。在飞行过程中，使飞机自动恢复原来横向平衡状态的滚转力矩，主要是由机翼上反角、机翼后掠角和垂直尾翼的作用产生的。

飞机在平飞过程中，当一阵风吹到飞机的左翼上时，飞机的左翼抬起，右翼下沉，飞机受扰动而产生向右的倾斜，使飞机沿着合力的方向沿右下方产生侧滑。此时，空气从右前方吹来，因上反角的作用，右翼有效迎角增大，升力也增大；左翼则相反，有效迎角和升力都减小。左右机翼升力之差形成的滚转力矩，力图减小或消除倾斜，进而消除侧滑，使飞机具有自动恢复横向平衡状态的趋势。也就是说，飞机具有横向稳定性。

机翼后掠角也使飞机具有横向稳定性。一旦因外界干扰，飞机产生了向右的倾斜，飞机的升力也跟着倾斜，飞机将沿着合力 R 的方向产生侧滑。由于后掠角的作用，飞机右翼的有效速度 v_1 大于左翼的有效速度 v_3，所以，在右边机翼上产生的升力将大于左边机翼上产生的升力，两边机翼升力之差，形成滚转力矩，力图减小或消除倾斜，使飞机具有横向稳定性。

跨声速或超声速飞机，为了减小激波阻力，大都采用了后掠角比较大的机翼。因此，后掠角的横向稳定作用可能过大，以至于当飞机倾斜到左边后，在滚转力矩的作用下，又会倾斜到右边来。于是，飞机左右往复摆动，形成飘摆现象（荷兰滚）。为了克服这种不正常现象，可以采用下反角的外形来削弱后掠机翼的横向稳定性。

低、亚声速飞机大都为梯形直机翼，为了保证飞机的横向稳定性要求，或多或少都有几度大小的上反角。此外，如果机翼和机身组合采用上单翼布局形式，也会起到横向稳定作用；相反，若采用下单翼布局形式，则会起到横向不稳定作用。这一点在选择上反角时也应综合考虑。

四、荷兰滚

如果垂尾面积太小，且机翼上反角较大，就会发生荷兰滚或侧向振荡。飞行器如果受到侧风干扰，就会有侧滑趋势。上反角做出的响应，使飞行器滚转来阻止侧滑，抬高了"朝向侧滑一边"的机翼。然而如果垂尾面积过小，则机身会有侧面对着气流的趋势。因此最初的小侧滑转化为偏航，使侧滑加大，同时伴随着滚转，直到机翼几乎被滚转到垂直位置。此后上反角使机翼向反方向滚转，机身试图转向新的侧滑方向，于是飞行器陷入剧烈的从一侧到另一侧的滚转加偏航的耦合振荡，垂尾以一定弧度猛烈摆动。解决方法是增大垂尾面积或者减小上反角，或两者同时进行。具有足够垂尾效率的飞行器在偏航时进入侧滑，称之为风标稳定性。对于稳定的飞行器来说，上反角对侧滑机翼的抬升作用就不是很显著了。飞行器受侧风干扰时会适度地向风向侧滑，并伴随轻微滚转。因此侧向振荡稳定的必要条件是大垂尾、小上反角。

五、尾旋不稳定

不幸的是，上述综合考虑可能会导致与荷兰滚相反的不稳定，即尾旋不稳定。如果垂尾面积相对于上反角过大，就会发生此类情况。开始的小侧滑产生较强的风标偏航。上反角很小，产生很小或是根本不产生阻止滚转的力，偏航的内侧机翼空速的减小使机翼下沉。采用方向舵控制使飞行器偏航时，会产生类似的影响。对于尾旋不稳定的飞行器，由偏航所导致的机翼下沉足以加剧侧滑。而后垂尾尝试使飞行器产生风标运动，机翼再次下沉，继续侧滑，由于倾斜角度增大，飞行器进入尾旋旋转。随着倾斜角增大，相对地面的偏航在低头方向上加剧，尾旋滚转在空速增加时变为尾旋俯冲，倾斜角接近垂直，机翼上的惯性载荷成倍增加，以至于即使飞行器还没有撞地，机翼或尾翼可能已被破坏。

第六节

重量与平衡

一、松杆和握杆稳定性

对于有人机，设计师必须考虑在驾驶员放开对所有操纵面的控制，任其在空气中自由飞行的情况下，飞机会做何反应。松开操纵杆自稳定式飞机的设计要点，即没有驾驶员时，飞机至少在短时间内可保持飞行器姿态稳定地飞行。在无人机的设计中仍需关心这个问题，因为这样可以达到电量消耗最小。对于无人机，操纵面通常是固定的，即通过伺服舵机、操纵连杆或操纵线将其限定在某些位置。这类似于有人机的握杆，当然这并不意味着操纵面不能动，相反，它们会动，但只是对操纵指令的反应。

二、静稳定裕度

重心和焦点之间的距离被定义为飞机的静稳定裕度（又称静稳定度）。这就给出了一个不同飞机间进行比较的非常有用的标准，因为如果具有相似的静稳定裕度，那么就具有相当的静稳定性。裕度越大，稳定性就越强。这一概念同时凸显了这一事实：重心的移动将改变静稳定裕度。通过这种简单的方法，一个危险的不稳定飞行器可以变得稳定，或者过稳定飞行器可以变得更敏感、反应更快。因此无人机可以通过在限制范围内增加或减少头部或尾部的配重调整飞行平台固有的稳定性。配重的任何变化都将需要新的升降舵配平以维持水平飞行。

第七节

无人机发射回收方式

一、发射方式

无人机的发射方式可归纳为手抛发射、零长发射、弹射发射、起落架滑跑起飞、母机携带空中发射、容器式发射装置发射和垂直起飞等类型。在地面发射时，无人机使用较为广泛的发射方式是零长发射与弹射式发射方式。大展弦比机翼的无人机，特别是长航时无人机，通常用起落架滑跑起飞方式。空中发射方式的主要优点是机动性高，发射点活动范围大，可降低无人机燃油载量和航程要求。小、轻型无人机多采用这种发射方式，尤其是在美国。容量式发射装置常用于发射轻型无人机，或用于军舰和潜艇上发射无人机。垂直起飞方式是旋翼无人机广为采用的起飞方式。

（1）手抛发射

这种发射方式最简单，由1人或2人操作，靠无人机自身动力起飞。手抛发射的无人机通常最大尺寸小于3m，发射质量多数小于7kg。例如FQM-151A"指针"，该机是单人携带/发射式无人机，翼展2.74m，机长1.83m，最大发射质量3.6kg。英国的BIT-1lmp是单人发射无人机，其翼展1.83m，机长1.09m，最大发射质量5.9kg。

手抛发射

（2）零长发射

无人机安装在零长发射装置上，在1台或多台助飞火箭发动机推力作用下飞离发射装置，无人机起飞后，抛掉助飞火箭，由机上主发动机完成飞行任务。例如加拿大的CL-289，该机机身尾部装1台涡喷发动机，在其后通过推力杆接1台助飞火箭发动机。在助飞火箭作用下，无人机从车载零长发射装置上发射。助飞火箭工作几秒后自动分离无人机，由涡喷发动机完成飞行任务。英国的ASAT/"小鹰"，机身下部两侧各装1台可弃式助飞火箭，在2台助飞火箭作用下，无人机由零长发射架上起飞。助飞火箭工作1.3s后被扔掉，无人机由机上涡喷发动机完成飞行任务。

零长发射

（3）弹射式发射

无人机安装在轨道式发射装置上，在压缩空气、橡皮筋或液压等弹射装置作用下起飞，无人机飞离发射装置后，在主发动机作用下完成飞行任务。例如，英国的"不死鸟"在液压弹射器作用下从车载斜轨上发射；法国的"玛尔特"MKII在弹簧索弹射装置作用下从斜轨上发射；比利时的"食雀鹰"在自带的M3型火箭助推器作用下由2.5m短轨上发射。

弹射式发射

〔4〕起落架滑跑起飞

这种起飞方式与有人机相似，所不同的是：①有些无人机采用可弃式起落架，在无人机滑跑起飞后，起落架便被扔下，回收无人机时，采用其他方式；②大多数无人机，尤其是轻、微型无人机，采用非收缩型起落架，航程较远和飞行时间较长的大、小型无人机采用可收放起落架；③起飞滑跑跑道短，对跑道的要求也不如有人机那样严苛。例如美国的"秃鹰"、巴西的BQM-1BR采用可弃式起落架。

起落架滑跑起飞

〔5〕母机携带、空中发射

无人机由有人机（固定翼飞机或旋翼式直升机）携带到空中，当飞行到某飞行高度和速度时，空中发射无人机。固定翼母机携带无人机，一般采用翼下悬挂或机腹半隐蔽式携带方式，直升机一般由机身两侧携带无人机。例如意大利的"米拉奇"100由Agusta A109直升机

母机携带、空中发射

空中发射，美国的154型由DC-130"大力神"母机携带，进行空中发射。目前正在研究由无人机作母机，空中发射无人机的方式。

〔6〕容器式发射装置发射

容器式发射装置是一种封闭式发射装置，兼备发射与储存无人机的功能。它有单室式和多室式两种类型。德国KDAR无人机用单室式发射装置发射。多室式发射装置含有多个发射室，每室内有一架无人机，安置在室内发射轨道上，室内还配有动力设备和电子设备。发射时，靠室内动力设备开启室门，推出轨道，调整发射角度，可按先后次序发射每个室内的无人机或成组发射无人机，也可同时齐发无人机。例如，美国的"勇士"200采用一种国际标准尺寸2.44 m×2.44m×6.1m的容器式发射装置，此装置可装15架无人机；德国的DAR采用车载多室式发射装置，该装置可装20架DAR无人机。

容器式发射装置发射

〔7〕垂直起飞

垂直起飞有两种类型。

① 旋翼垂直起飞。这种起飞方式的特点是以旋翼作无人机的升力工具，旋转旋翼使无人机垂直起飞。旋翼垂直起飞分为单旋翼尾旋翼式（如美国的ARC003）、共轴反旋双旋翼式（如加拿大的CL-227"哨兵"、美国的QH-50）。由于这种起飞方式不受场地面积与地理条件的限制，因此适用范围广。

② 固定翼垂直起飞。固定翼无人机垂直起飞有两种情况。一种是飞机在起飞时，以垂直姿态安置在发射场上，由飞机尾支座支撑飞机，在机上发动机作用下起飞。例如美国的XBQM-108A无人机，它保留普通起落架装置，机尾有尾支座，可采用起落架滑跑方式起飞，也可以垂直姿态起飞。另一种是在机上配备垂直起飞发动机，在该发动机推力作用下，飞机垂直起飞。例如，美国格鲁门公司设计的754型无人机，机上装有两种发动机：一种是巡航用涡轮风扇发动机，它沿无人机纵轴方向安装于机下发动机短舱内；另一种是起飞（着陆）用涡轮喷气发动机，装于机身内重心处，发动机轴线相对于飞机垂直线前倾20°，涡轮喷气发动机只在无人机起飞（着陆）阶段工作30s左右，由它提供85%垂直起飞升力，由涡轮风扇发动机提供15%垂直起飞升力，在这两种发动机的作用下，飞机垂直起飞（着陆）。

旋翼垂直起飞

固定翼垂直起飞

二、回收方式

无人机的回收方式可归纳为伞降回收、空中回收、起落架滑跑着陆、拦阻网或"天钩"回收、气垫着陆和垂直着陆回收等类型。有些无人机采用非整机回收，这种情况通常是回收任务设备舱，飞机其他部分不回收。例如美国的D-21/GTD-21B，在完成飞行任务后，其任务设备舱被弹射出机体，由C-130飞机空中回收。有些小型无人机在回收时不用回收工具而是靠机体某部分直接接触地面来回收。采用这种简单回收方式的通常是机体质量小于10kg，最大特征尺寸在3.5m以下的无人机。例如英国的UMACII飞翼式无人机，完成任务后靠机腹着陆回收。

〔1〕伞降回收

这是一种普通的回收方式。降落伞由主伞和减速伞（也称阻力伞）二级伞组成。当无人机完成任务后，地面站发出遥控指令给无人机，使发动机慢车，无人机减速、降高。无人机到达合适飞行高度和速度时，开减速伞，使无人机急剧减速、降高，此时发动机已停车。当无人机降到某飞行高度和速度时，回收控制系统发出信号，使主伞开伞，先呈收紧充气状态，过了一定时间，主伞完全充气。无人机悬挂在主伞下慢慢着陆，机下触地开关接通，使主伞与无人机脱离。这是对降落伞回收过程最简单的描述，省略了中间环节和过程。为尽量减少无人机回收后的损伤，特别是为保护机载任务设备，有些无人机还在机体触地部位安装减震装置，如充气袋就是一种常用的减震装置；同时还考虑机体着地部位尽可能远离任务设备舱。例如加拿大的CL-89，回收时，无人机上下翻转180°，使机腹在上、机背在下，机背前后的着陆气包着地，吸收撞击能量，保护机腹内的任务设备。有些无人机机体着地部分被设计成较脆弱的部件，当作飞机着地的减震装置。例如英国的"不死鸟"在回收开伞后翻转180°，机腹朝上，机背向下，机背整流罩较脆弱，允许着地时被压扁，吸收着地撞击力，保护机腹的任务设备短舱。

〔2〕空中回收

用有人机在空中回收无人机的方式目前只在美国使用。采用这种回收方式，在有人机上必须有空中回收系统，在无人机上除了有阻力伞和主伞之外，还需有钩挂伞、吊索和可旋转的脱落机构。其简单回收过程如下：地面站发出遥控指令，阻力伞开伞，同时使发动机停车，当无人机在阻力伞作用下降到一定高度和一定速度时，回收系统发出开主伞控制信号，打开钩挂伞和主伞，主伞先呈收紧充气状态，不久，就完全充气。此时钩挂伞高于主伞，钩挂伞下面的吊索保证指向主伞前进的方向，在吊索上安装指示方向的风向旗，使有人机便于辨认和勾住钩挂伞。这时，有人机逆风进入，勾住无人机钩挂伞与吊索，当无人机被勾住时，主伞自动脱离无人机，有人机用绞盘绞起无人机，空中悬挂运走。这种回收方式不会损伤无人机。但是为回收无人机要出动有人机，费用高；在回收时要求有人机驾驶员有较高的驾驶技术，受天气与风情影响大，加上伞的性能无法事先估计，其回收的可靠性低。随着回收技术的提高，回收的可靠性将会提高。例如美国的"火蜂"Ⅱ用中空回收方式，在回收时，直升机钩挂高于主伞24.08m的钩挂伞。

（3）起落架滑跑着陆

这种回收方式与有人机相似，不同之处是：①对跑道要求不如有人机苛刻；②有些无人机的起落架局部被设计成较脆弱的结构，允许着陆时撞地损坏，吸收能量，例如英国的"大鸭"Ⅰ，这是一种机体质量15kg、翼展2.70m、机长2.10m的轻型无人机，机身下有着陆滑橇，机翼有翼尖滑橇，翼尖滑橇较脆弱，回收时允许折断，以吸收撞击力；③为缩短着陆滑跑距离，有些无人机，例如以色列的"先锋""猛犬""侦察兵"等，在机尾装尾钩，在着陆滑跑时，尾钩勾住地面拦截绳，大大缩短了着陆滑跑距离。

（4）拦截网或"天钩"回收

用拦截网（也称拦阻网）系统回收无人机是目前世界上无人机较普遍采用的回收方式之一。拦截网系统通常由拦截网、能量吸收装置和自动引导设备组成。能量吸收装置与拦截网相连，其作用是吸收无人机撞网的能量，免得无人机触网后在网上弹跳不停，以致损伤。自动引导设备一般是一部置于网后的电视摄像机，或装在拦截网架上的红外接收机，由它们及时向地面站报告无人机返航路线的偏差。

当无人机返航时，地面控制站要求无人机以小角度下滑，最大速度不得超过120km/h，操纵人员通过电视监视器监视无人机飞行，并根据地面电视摄像机拍摄的图像，或红外接收机接收到的无人机信号，确定返航路线的偏差，然后半自动地控制无人机，修正飞行线路，使之对准地面摄像机的瞄准线，飞向拦截网。无人机触网时的过载通常不能大于6g，以免拦截网遭到较大损坏。例如以色列的"侦察兵"、美国的"苍鹰"等都用拦截网回收。

"天钩"回收和拦截网回收功能相似，回收时控制无人机飞向绳索，利用无人机翼尖的挂钩勾住绳索回收。美国的"扫描鹰"无人机便采取此种回收方式回收。

（5）气垫着陆

20世纪70年代出现了气垫车、气垫船，它们利用气垫效应离开地面或水面腾空行驶。无人机气垫着陆的工作原理是一样的。在无人机的机腹四周装上"橡胶裙边"，中间有一个带孔的气囊，发动机把空气压入气囊，压缩空气从囊孔喷出，在机腹下形成高压空气区——气垫，气垫能够支托无人机贴近地面，而不与地面发生猛烈撞击。20世纪70年代中期，美国用澳大利亚的"金迪维克"无人机作气垫着陆的研究机，进行气垫着陆项目试验研究，取得了较大成功。气垫着陆的优点是，无人机能在不平整的地面、泥地、冰雪地或水上着陆，不受地形条件限制；也不受无人机大小、重量限制，且回收率高，据说可以达到1架次/min，而空中回收则是1架次/h。

（6）垂直着陆回收

垂直着陆回收方式只需小面积回收场地，因不受回收区地形条件的限制，特别受到军方青睐。

这种回收方式有两种类型。

① 旋翼航空器垂直着陆。这种着陆方式的特点是以旋翼旋转作为获取升力的来源，操纵旋翼的旋转速度，使无人机垂直着陆。

② 固定翼垂直着陆。此种垂直着陆方式的特点是以发动机推力直接抵消重力。这种着陆方式又可分成两类：一是在无人机上配备着陆时用的专用发动机，着陆时，控制机上的主发动机和专用发动机的油门，使其在主发动机推力的垂直分力和专用发动机推力的共同作用下减速，垂直着陆；二是在回收时呈垂直姿态，在发动机推力的垂直分力作用下减速，垂直着陆。

第四章

气 象

第一节

大气成分及基本要素

一、大气成分与结构

[1] 大气成分

飞行所处的大气是环绕地球并贴近其表面的一层空气包层。它是地球相当重要的一个组成部分，就像海洋或陆地一样。然而，空气不同于陆地和水是因为它是多种气体的混合物。它有质量也有重量，还有不确定的形状。

空气像其他任何流体一样，由于分子内聚力的缺乏，当受到非常微小的压力时就会流动和改变形状。例如，气体会充满任何装它的容器，膨胀和传播直到其外形达到容器的限制。

大气的组成包括78%（大约）的氮气、21%（大约）的氧气以及1%（大约）的其他气体，如氩气和氦气。由于部分气体比其他气体重，较重的气体如氧气有个天然的趋势，会占据地球的表面。而较轻的气体会升到较高的区域。这就解释了为什么大多数氧气包含在35000ft（10668m）高度以下。

因为空气有质量也有重量，它是一个物体，作为一个物体，科学定律会像其他物体一样对气体起作用。气体驻留于地球表面之上，它有重量，在海平面上产生的平均压力为14.7lb/in^2，或者29.92in（76cm）水银柱高度。由于其浓度是有限的，在更高的高度上，空气就更加稀薄。由于这个原因，18000ft（5486.4m）高度的大气重量仅仅是海平面的一半。

在讨论大气中的气象现象及天气过程时，可将大气看作一种混合物，它由三个部分组成：干洁空气、水汽和大气杂质。

干洁空气是构成大气的最主要部分，一般意义上所说的空气，就是指这一部分。干洁空气主要由氮气和氧气构成，其体积分别约占整个干洁空气的78%和21%。余下的约1%由其

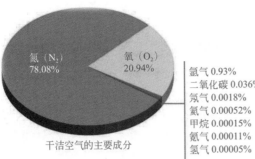

干洁空气的主要成分

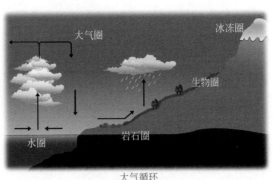

大气循环

他几种气体构成，这些气体称为痕量气体，如二氧化碳、臭氧、氩气、氖气等。干洁空气的这一比例在50km高度以下基本保持不变。

在构成干洁空气的多种成分中，对天气影响较大的是二氧化碳和臭氧。除臭氧外，大气中的气体几乎不直接吸收太阳辐射，大量的太阳辐射可穿过大气层到达地面，使地面增温。二氧化碳对地球具有"温室效应"的作用，二氧化碳基本上不直接吸收太阳短波辐射，而地面受热后放出的长波辐射却能被二氧化碳吸收，这样热量就不能大量向外层空间散发，对地球起到了保温作用。二氧化碳主要来自于有机物的腐烂、工业生产排放的废气、动物的呼吸等。现在随着社会工业生产和人类生活污染的不断增加，大气中的二氧化碳越来越多，对大气温度的影响已引起了人们的关注。气温变化会对天气、气候变化产生一系列重大影响，对飞行气象条件也会产生相应影响。

臭氧能强烈吸收太阳紫外线，它是氧分子在太阳辐射作用下离解为氧原子，氧原子再和别的氧分子结合而形成的。在海拔15～50km的高度上，是一个臭氧含量相对集中的层次，称为臭氧层。臭氧通过吸收太阳紫外辐射而增温，改变了大气温度的垂直分布。同时，也使地球生物免受了过多紫外线的照射。由于汽车、飞机及其他工业生产等大量废气的排放，臭氧层已遭到一定程度的破坏，科学家已观测到南极上空的臭氧空洞，即臭氧层遭到破坏后出现的臭氧减少或消失。这对地球上的天气、气候、地球生物等都可能产生长久的影响。

地表和潮湿物体表面的水分蒸发进入大气就形成了大气中的水汽。大气中的水汽含量平均占整个大气体积的0%～5%，并随着高度的增加而逐渐减少，在离地1.5～2km的高度上，水汽含量约为地面的一半，5km高度上仅为地面的十分之一。水汽的地理分布也不均匀，水汽含量（按体积比）平均为：从极区的0.2%到热带的2.6%，干燥的内陆沙漠近于零，而在温暖的洋面或热带丛林地区可达3%～4%。水汽是成云致雨的物质基础，因此大多数复杂天气都出现在中低空，高空天气往往很晴朗。水汽随着大气运动而运动，并可在一定条件下发生状态变化，即气态、液态和固态之间的相互转换。这一变化过程伴随着热量的释放或吸收，如水汽凝结成水滴时要放出热量，放出的热量称为凝结潜热。反之，液态的水蒸发成水汽时要吸收热量。水汽直接冻结成冰的过程叫凝华，而冰直接变成水汽的过程叫升华。

在大气中运动的水汽，通过状态变化传输热量，如甲地水汽移到乙地凝结，或低层水汽上升到高空凝结，就把热量从一个地方带到了另一个地方。热量传递是大气中的一个重要物理过程，与气温及天气变化关系密切。

大气杂质又称为气溶胶粒子，是指悬浮于大气中的固体微粒或水汽凝结物。固体微粒包括烟粒、盐粒、尘粒等。烟粒主要来源于物质燃烧，盐粒主要是溅入空中的海水蒸发后留下的盐核，而尘粒则是被风吹起的土壤微粒和火山喷发后在空中留下的尘埃。水汽凝结物包括大气中的水滴和冰粒。在一定天气条件下，大气杂质常聚集在一起，形成各种天气现象，如云、雾、雨、雪、风沙等，它们使大气透明度变差，并能吸收、散射和反射地面和太阳辐射，影响大气温度。此外，固体杂质还可充当水汽的凝结核，在云、雾、降水等的形成过程中起着重要的作用。

〔2〕大气结构

整个大气层具有相当大的厚度，从垂直方向看，不同高度上的空气性质是不同的，但在水平方向上空气的性质相对一致，即大气表现出一定的层状结构。这一结构可通过对大气进行分层来加以描述。

① 大气垂直分层的依据。大气分层的主要依据是气层气温的垂直分布，通常在处理时将温度随高度的改变看作是均匀的。在实际运用中，通常使用气温的垂直递减率（单位为℃/100m）。

② 重要气层的特征。

a.对流层。对流层因为空气有强烈的对流运行而得名，它的底界为地面，上界高度随纬度、季节、天气等因素而变化。平均而言，低纬度地区（南北纬30°之间）上界高度为17～18km；中纬度地区（纬度30°～60°）为10～12km；高纬度地区（纬度在60°以上）为8～9km。同一地区对流层上界高度是夏季大于冬季，此外，天气变化对对流层的厚度也有一定影响。

对于整个大气层来说，对流层是很薄的一层，但由于大气是下密上疏的，因此对流层集中了约75%的大气质量和90%以上的水汽，云、雾、降水等天气基本上都出现在这一层，飞机也主要在这一层中飞行。对流层有以下三个主要特征。

第一，气温随高度升高而降低。对流层大气热量的直接来源主要是空气吸收地面发出的长波辐射，靠近地面的空气受热后热量再向高处传递。因此在对流层，气温普遍随高度升高而降低，高山常年积雪就是这个道理。根据实际探测，对流层中的平均气温垂直递减为0.65℃/100m。利用这一数值，如果已知某地地面气温，可以大致推算出该地某个高度上的气温。

在对流层中虽然气温的普遍分布是随高度升高而降低，但有时也会出现气温随高度的升高而升高或者在一段高度内气温保持恒定的情况，我们称为逆温层或者同温层。

第二，气温、湿度的水平分布很不均匀。对流层与地面相接，其温、湿特性主要受地表性质的影响，故在水平方

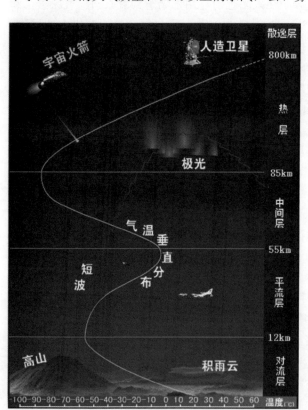

大气分层

向上分布很均匀。如南北空气之间明显的温差，海陆之空气的湿度差异等。

第三，空气具有强烈的垂直混合。由于对流层低层的暖空气总是具有上升的趋势，上层冷空气总是具有下沉的趋势，加之温度水平分布不均匀，因此对流层中空气多垂直运动，具有强烈的垂直混合。

对流层中，按气流和天气现象分布的特点，可分为下、中、上三个层次：对流层下层（离地1500m高度以下）的空气运动受地形扰动和地表摩擦作用最大，气流混乱；中层（从1500m高度到6000m高度）空气运动受地表影响较小，气流相对平稳，可代表对流层气流的基本趋势，云和降水大多生成于这一层；上层（从6000m高度到对流层顶）受地表影响更小，水汽含量很少，气温通常在0℃以下，各种云多由冰晶或过冷水滴组成。在离地1500m高度的对流层下层又称为摩擦层，在1500m高度以上，大气几乎不受地表摩擦作用的影响，故称为自由大气。

b.平流层。对流层之上是平流层。平流层范围从对流层顶到大约55km的高度上，现在大型喷气式运输机的高度可达到平流层低层。平流层中空气热量的主要来源是臭氧吸收太阳紫外辐射，因此平流层中气温随高度增高而升高，整层空气几乎没有垂直运动，气流平稳，故称之为平流层。平流层中空气稀薄，水汽和杂质含量极少，只有极少数垂直发展相当旺盛的云才能伸展到这一层来，故天气晴朗，飞行气象条件好。平流层大气受地表影响极小，空气运动几乎不受地形阻碍及扰动，因此气流运动，温、湿分布也比对流层有规律得多。

对流层与平流层之间的过渡气层叫对流层顶，它的作用就像一个盖子，阻挡下层水汽、杂质向上扩散，使得对流层顶上、下的飞行气象条件常有较大差异。平流层以上各层与航空活动关系不大，故不再讨论。

二、大气的基本要素

表示大气状态的物理量和物理现象通称为气象要素。气温、气压、湿度等物理量是气象要素，风、云、降水等天气现象也是气象要素，它们都能在一定程度上反映当时的大气状况。其中气温、气压和空气湿度，也称为三大气象要素。

（1）气温

气温是表示空气冷热程度的物理量，它实质上是空气分子平均动能大小的宏观表现。一般情况下我们可将空气看作理想气体，这样空气分子的平均动能就是空气内能，因此气温的升高或降低，也就是空气内能的增加或减少。气温通常用三种温标来量度，即摄氏温标（℃）、华氏温标（℉）和绝对温标（K）。摄氏温标将标准状况下纯水的冰点定为0℃，沸点定为100℃，其间分为100等份，每一等份为1℃。华氏温度是将纯水的冰点定为32℉，沸点定为212℉，其间分为180等份，每一等份为1℉，可见1℃与1℉是不相等的。将摄氏度换算为华氏度的关系式为：

$$t/℉ = \frac{9}{5}t/℃ + 32$$

实际大气中，气温变化的基本方式有气温的非绝热变化和绝热变化两种。

非绝热变化是指空气块通过与外界的热量交换而产生的温度变化。气块与外界交换热量的方式主要有以下几种。

① 辐射。辐射是指物体以电磁波的形式向外放射能量的方式。所有温度不低于绝对零

度的物体，都要向周围放出辐射能，同时也吸收周围的辐射能。物体温度越高，辐射能力越强，辐射的波长越短。如物体吸收的辐射能大于其放出的辐射能，温度就要升高，反之则温度降低。

大气系统热量的主要来源是吸收太阳辐射（短波）。当太阳辐射通过大气层时，有24%被大气直接吸收，31%被大气发射和散射到宇宙空间，余下的45%到达地表，地面吸收其大部分后，又以发射和辐射（长波）的形式使其回到大气中，大部分被大气吸收。同时，大气也在不断地放出长波辐射，有一部分又被地表吸收。这种辐射能的交换情况极为复杂，但对大气层而言，对流层热量主要直接来自地面长波辐射，平流层热量主要来自臭氧对太阳紫外线的吸收。因此这两层大气的气温分布有很大差异。总的来说，大气层白天由于太阳辐射而增温，夜间由于向外放出辐射而降温。

② 乱流。乱流是空气无规则的小范围涡旋运动。乱流使空气微团产生混合，气块间热量也随之得到交换。摩擦层下层由于地表的摩擦阻碍而产生扰动，以及地表增热不均而引起空气乱流，是乱流活动最强烈的层次，乱流是这一层中热量交换的重要方式之一。

③ 水相变化。水相变化是指水的状态变化，水通过相变释放热量或吸收热量，引起气温变化。

④ 传导。传导是依靠分子的热运动，将热量从高温物体直接传递给低温物体的现象。由于空气分子间隙大，通过传导交换的热量很少，仅在贴地层中较为明显。

绝热变化是指空气块与外界没有热量交换，仅由于其自身内能增减而引起的温度变化。例如，当空气块被压缩时，外界对它做的功转化成内能，空气块温度会升高；反之空气块在膨胀时温度会降低。飞机在飞行中，其机翼前缘空气被压缩而增温，后缘涡流区空气因膨胀而降温，对现代高速飞机来说是非常明显的。实际大气中，当气块做升降运动时，可近似地看作绝热过程。气块上升时，因外界气压降低而膨胀，对外做功耗去一部分内能，温度降低；气块下降时则相反，温度升高。

气块在升降过程中温度绝热变化的快慢用绝热直减率来表示。绝热直减率表示在绝热过程中，气块上升单位高度时其温度的降低值（或下降单位高度时其温度的升高值）。气块在升降过程中温度的绝热变化过程有两种情况，即伴随水相变化的绝热过程和不伴随水相变化的绝热过程。

引起空气温度变化的绝热因素与非绝热因素常常是同时存在的，但因条件不同而有主次之分。当气块做水平运动或静止不动时，非绝热变化是主要的；当气块做垂直运动时，绝热变化是主要的。

以上的讨论主要是针对某一块空气而言的。而对某一地点的气温（又称局地气温）来说，其变化除了与那里的气块温度的绝热和非绝热变化有关外，还与不同温度气块的移动有关。

〔2〕气压

气压即大气压强，是指与大气相接触的面上，空气分子作用在每个单位面积上的力。这个力是由空气分子对接触面的碰撞而引起的，也是空气分子运动所产生的压力。常用的量度气压的单位有百帕（hPa）和毫米汞柱（mmHg）。

$$1hPa=100N/m^2=0.75mmHg$$

在大气处于静止状态时，某一高度上的气压值等于其单位水平面积上所承受的上部大气柱的重量。随着高度增加，其上部大气柱越来越短，且气柱中空气密度越来越小，气柱重量也就越来越小。

航空上常用的几种气压有本站气压、修正海平面气压、场面气压和标准海平面气压。

本站气压是指气象台气压表直接测得的气压。由于各测站所处地理位置及海拔高度不同，本站气压常有较大差异。

修正海平面气压是由本站气压推算到同一地点海平面高度上的气压值。运用修正海平面气压便于分析和研究气压水平面分布情况。海拔高度大于1500m的测站不推算修正海平面气压，因为推算出的海平面气压误差可能过大，失去意义。

场面气压是指场面着陆区（跑道入口端）最高点的气压。场面气压也是由本站气压推算出来的。飞机起降时为了准确掌握其相对跑道的高度，就需要知道场面气压。场面气压也可由机场标高点处的气压代替。

标准海平面气压使大气处于标准状态下的海平面气压，其值为1013.25hPa或760mmHg。海平面气压是经常变化的，而标准海平面气压是一个常数。

飞机飞行时，测量高度多采用无线电高度表和气压式高度表。无线电高度表所测量的是飞机相对于所飞越地区地表的垂直距离。无线电高度表能不断地指示飞机相对于所飞越地表的高度，并对地形的任何变化都很"敏感"，这既是很大的优点，又是严重的缺点。如果在地形多变的地区上空飞行，飞行员试图按无线电高度表保持规定飞行高度，飞机航迹将随地形起伏。而且，如果在云上或有限能见度条件下飞行，将无法判定飞行高度的这种变化是由飞行条件受破坏造成的，还是由地形影响引起的。这样就使无线电高度表的使用受到限制，因而它主要用于校正仪表和在复杂气象条件下着陆使用。

气压式高度表是主要的航行仪表。它是一个高速灵敏的空盒气压表，但刻度盘上标出的是高度，另外有一个辅助刻度盘可显示气压，高度和气压都可以通过旋钮调定。高度表刻度盘是在标准大气条件下按气压随高度的变化规律而确定的，即气压式高度表所测量的是气压，根据标准大气中气压与高度的关系，就可以表示高度的高低。

〔3〕空气湿度

从前面我们已经知道，大气中含有水汽，大气中的水汽含量是随时间、地点、高度、天气条件在不断变化的。空气湿度就是用来量度空气中水汽含量多少或者空气干燥潮湿程度的物理量。

相对湿度为常用湿度的表示方法。相对湿度f定义为空气中的实际水汽压e与同温度下的饱和水汽压E的百分比，即：

$$f=e/E\times100\%$$

相对湿度的大小直接反映了空气距离水汽饱和状态的程度。相对湿度越大，说明空气中的水汽越接近饱和。相对湿度的大小取决于两个因素：一个是空气中的水汽含量。水汽含量越多，水汽压越大，相对湿度越大。另一个是温度。在水汽含量不变的情况下，温度升高，饱和水汽压增大，相对湿度减小。

当空气中水汽含量不变且气压一定时，气温降低到使空气达到水汽饱和的温度，称为露点。

气压一定时，露点的高低只与空气中的水汽含量的多少有关系，水汽含量越多，露点温度越高，露点温度的高低反映了空气中水汽含量的多少。

当空气处于未饱和状态时，其露点温度低于气温，只有在空气达到饱和时，露点温度才和气温相等。所以可以用气温露点差来判断空气的饱和程度，气温露点差越小，空气越潮湿。

露点温度的高低还与气压的大小有关。在水汽含量不变的情况下，气压降低时，露点温度也会随之降低。实际大气中作为上升运动的空气块，一方面由于体积膨胀而绝热降温；另一方面由于气压的减小其露点温度也有所降低，但气温降低速度远远大于露点温度的降低速度，因而空气块只要能上升到足够的高度就可以达到饱和（气温和露点趋于一致）。一般而言，未饱和的空气每上升100m，温度约下降1℃，而露点温度约下降0.2℃，因此气温露点差的减小速度约为0.8℃/100m。

三、基本天气现象

国内外多年来的飞行事故统计资料分析表明，由气象因素造成的飞行事故占总事故数的1/4～1/3。按飞行各阶段划分，巡航阶段的飞行事故较少，其中约有一半与气象因素直接相关，主要是巡航途中遭遇恶劣天气，起飞和着陆阶段出现的事故最多，尤其是着陆，使得发生在机场周围的飞行事故约占总事故的90%。

在飞行各个阶段，影响飞行的主要天气不完全一样，可大致分为：

① 起飞着陆阶段：侧风、阵风、下沉气流、风的垂直切变、下冲气流、视程障碍、烟幕、雾霾、降雪、吹雪、沙尘暴、扬沙、低云、大雨、跑道积水、积冰、积雪、霜。

② 爬升、巡航、下滑阶段：云中湍流、晴空湍流、局部湍流、地形波、低空急流、急流、雷暴、台风、积冰、沙尘暴、扬沙、浮尘。

③ 停场未入库阶段：雷暴、冰雹、龙卷风、阵风、山区下坡风、台风。

其他：如航站站址的选择与建设、备降机场的配置、航线确定以及机场、航线的适航率和社会经济效益分析等，无不同天气条件密切相关，一般属于航空气候的范围。

第二节

大气特性

大气压力：地球表面有一层厚厚的大气层，由于地球引力的作用，大气被"吸"向地球，虽然空气很轻，但仍有重量，有了重量就产生了力量，它作用于物体的效果就是压力。著名的马德堡半球实验就证明了大气压的存在。可以说，大气压力是地球引力作用的效果。

1. 大气压力的度量

大气的压力通常以水银气压计的英寸汞柱（inHg）来度量。测量大气压力的气压计有以下两种：

① 水银气压计。通过测量玻璃管内水银柱的高度来度量大气压。一部分水银暴露在大气压下，大气对水银施加一个力。压力增加迫使管子里的水银上升；压力下降时，水银从管子

里流出来，水银柱的高度降低。此类气压计通常在实验室或者天气观测站使用，其缺点是不易运输，读数困难。

②无液气压计。无液气压计有一个密封的容器，称为真空膜盒，它可以随着气压的变化缩短或伸长。真空膜盒机用机械式铰链连接到压力指示器来提供压力读数。一架飞机的高度计的压力传感部分本质上就是一个无液气压计。需要注意的是，虽然无液气压计易于运输和读数，但因为它使用了机械式铰链，所以不如水银气压计准确。

实际大气状态是不断变化着的，而飞机的性能和某些仪表（高度表、空速表等）的示度，都与大气状态有关。为了便于比较飞机性能和设计仪表，必须以一定的大气状态为标准。

目前由国际民航局组织统一采用的标准海平面大气压力定义为29.92inHg（1013.25hPa），海平面温度为59℉（15℃），海平面空气标准密度为1.2250kg/m³。

大气测量的基本单位为帕斯卡（Pa），除此还有百帕（hPa）、毫巴（mbar）。其换算关系是：1mbar=1hPa=100Pa。因此标准海平面大气压力为1013.2mbar。典型的毫巴压力读数范围为950～1040mbar。恒定压力图表和飓风压力报告是使用毫巴来表示的。

2.海拔高度对大气压力的影响

在大气处于静止状态时，某一高度上的气压值等于其单位水平面积上所能承受的上部大气柱的重量。随着高度增加，其上部大气柱越来越短，且气柱中空气密度越来越小，气柱重量也越来越小。随着海拔升高空气变得稀薄，大气压力也随着降低，一般来说，高度每增加1000ft（304.8m），大气压力就会降低1in（2.54cm）水银柱高度。分布于全球的气象站，为了提供一个记录和报告的标准，都会按照海拔高度每增加1000ft（304.8m）就近似增加1in（2.54cm）水银柱的规则将当地大气压转化为一个海平面压力。例如，一个位于海拔5000ft（1524m）的气象站，其水银柱读数为24.92in（63.3cm），那么报告的海平面压力读数就是29.92in（63.3cm）。使用公共的海平面压力读数可以帮助确保基于当前压力读数的飞机高度计的设定是准确的。

海拔高度与大气压含氧量的关系

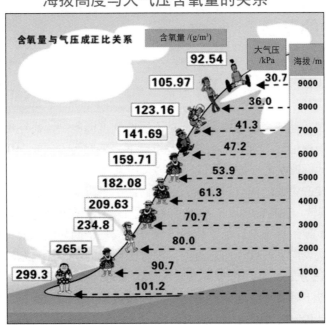

大气压力的降低对飞机性能有显著的影响。在较高的高度，伴随着降低的大气压力，起飞和着陆距离增加，爬升率会减小。

当一架飞机起飞时，升力须通过机翼周围的空气流动才能产生。如果空气稀薄，就需要更大的速度来获得足够的起飞升力，因此，地面滑跑距离就会更长。一架飞机在海平面需要1000ft（304.8m）的滑跑距离，在海平面5000ft（1524m）以上高度的机场将需要差不多两倍的滑跑距离。

3.空气密度差异的影响

气温、气压和空气湿度的变化都会对飞机性能和仪表指示造成一定的影响，这种影响主要通过它们对空气密度的影响而实现。空气密度与气压成正比，与气温成反比。对局部空气而言，气温变化幅度比气压变化幅度要大得多，因此空气密度变化主要由气温变化引起。

实际大气中通常含有水汽，由于水的分子量（18）比空气平均分子量（约为29）要小得多，因此水汽含量不同的空气，密度也不一样，水汽含量越大，空气密度越小。暖湿空气的密度要比干冷空气的密度小得多。

飞机的飞行性能主要受大气密度的影响。如当实际大气密度大于标准大气密度时，一方面空气作用于飞机上的力要加大，另一方面发动机功率增大，推力增大。这两方面作用的结果就会使飞机飞行性能变好，即最大平飞速度、最大爬升率和起飞载重量会增大，而飞机起飞、着陆滑跑距离会缩短。当实际大气密度小于标准大气密度时，情况相反。

第三节

大气的对流运动

一、对流产生的原因

大气对流运动是由地球表面受热不均引起的。空气受热膨胀上升，受冷则下沉，进而产生了强烈而比较有规律的升降运动。温度越高，大气对流运动越明显。因此赤道地区对流效果最明显。

假定地球不自转，地球表面性质一样，对流层低纬度温度高，高纬度温度低，使得空气在赤道地区上升，极地地区下沉，在南北温差作用下，高空为赤道吹向极地，在气压梯度力的作用下，低层为从极地吹向赤道，构成直接热力环流。

然而，地球自转产生的地球自转偏向力对风向产生了影响。以北半球为例，地球自转偏向力使得空气向右偏转，偏转的程度根据纬度的不同而变化，在极地最大，在赤道降低为零。

地球的自转速度导致每个半球上整体的气流分开成三个明显的气流单元。在北半球，赤道地区的暖空气从地表向上升起，向北流动，同时因地球的自转而向东转向。当它前进到从赤道到北极距离的三分之一时，它不再向北流动，而是向东流动。这时空气会在大约北纬30°的带状区域变冷下降，导致它向地表下降的区域成为一个高压区域。然后它沿着地表向南流向赤道。地球自转偏向力使得气流向右偏转，因此在北纬30°与赤道之间产生了东北方

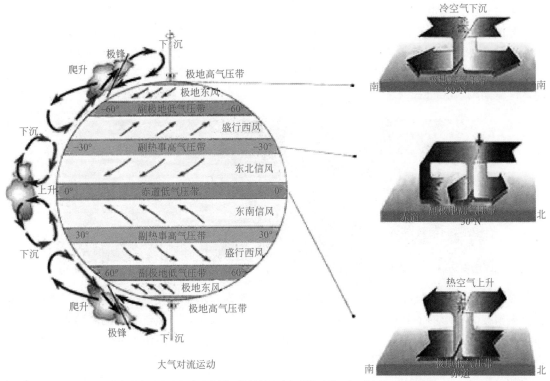

大气对流运动

以北半球为例，地球自转偏向力使得空气向右偏转，偏转的程度根据纬度的不同而变化，在极地最大，在赤道降低为零。循环模式由于季节变化、大陆和海洋的表面差异以及其他因素而变得更加复杂。地球表面的地形产生的摩擦力也会改变大气中空气的运动。

向的信风。类似的力产生了20°～60°范围内以及60°到极地地区的围绕地球的循环单元。

循环模式由于季节变化、大陆和海洋的表面差异以及其他因素而变得更加复杂。地球表面的地形产生的摩擦力也会改变大气中空气的运动。距地表2000ft（609.6m）内，地表和大气之间的摩擦力使流动的空气变慢。摩擦力减小了地球自转偏向力，使得风从它的路径转向。这是在地表的风向稍微不同于地表之上几千英尺高度的风向的原因。

二、对流冲击力

使原来静止的空气产生垂直运动的作用力，称为对流冲击力。实际大气中，对流冲击力的形成有热力和动力两种原因，它们产生的对流分别称为热力对流和动力对流。

热力对流冲击力是由地面热力性质差异引起的。

白天，在太阳辐射作用下，山岩地、沙地、城市地区比水面、草地、林区、农村升温快，其上空气受热后温度高于周围空气，因而体积膨胀、密度减小，使浮力大于重力而产生上升运动。天气越晴朗，太阳辐射越强，这种作用越明显。夜晚情形正好相反，山岩地、沙地等地面降温快，其上空气冷却收缩，产生下沉运动。天气越晴朗，这种作用越明显。

动力对流冲击力是空气运动时受到机械抬升作用而引起的，如山坡迎风面对空气的抬升，气流辐合辐散时造成的空气升降运动等，都属于动力对流冲击力。

对流气流可导致飞机颠簸。在温暖的天气，飞行在较低高度，有时会遇到湍流空气。因为低高度飞越不同的地表时，上升气流很有可能发生在路面和荒地上空，下降气流经常发生在水体或者类似成片树林的广阔植被区域之上。一般地，这些湍流环境可以通过飞在更高的高度来避免，甚至是飞在积云层之上。

对流气流在大陆和一大片水体相邻的区域特别明显，例如海洋、大的湖泊。在白天陆地比水受热更快，所以陆地上的空气变得更热，密度更低。它上升且被更冷的来自水面上的稠密空气取代。风从海洋吹向陆地，称为海风（Sea Breeze）。相反，在夜晚风从陆地吹向海洋，产生陆风（Land Breeze）。

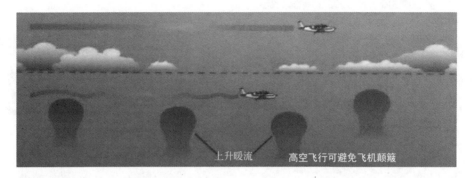

上升暖流　　　高空飞行可避免飞机颠簸

接近地面的对流气流会影响飞行员控制飞机的能力。例如，在最后进近时，一方面，来自全无植被的地形的上升气流有时会产生漂浮效应，导致飞行员飞过预期的着陆点；另一方面，在一大片水体或者稠密植被的区域之上进近会趋于产生一个下沉效应，导致不警惕的飞行员着陆在不到预期的着陆点。

三、风的模式

因为空气总是寻找低压区域，所以气流会从高压区域向低压区域流动。在北半球，从高压区域向低压区域流动的空气向右偏转，产生一个绕高压区域的顺时针循环，称为反气旋循环。而向低压区域流动的空气因偏转产生一个逆时针循环，称为气旋循环。高压系统一般是干燥稳定的下降空气的区域，通常形成晴朗的天气。相反地，空气流进低压区域会取代上升的空气，这时空气会趋于不稳定，通常会带来云量和降水量的增加，因此，多造成坏天气。

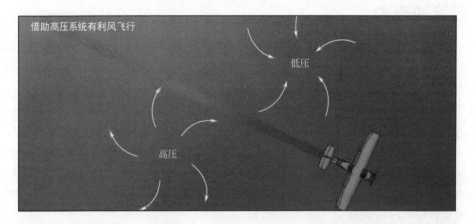

借助高压系统有利风飞行　　　低压　　　高压

对高低压风模式的良好理解对制订飞行计划有很大的帮助，因为飞行员可以利用有利的顺风。当计划一次从西向东的飞行时，沿高压系统的北边和低压系统的南边将会遇到有利风向。在返程飞行中，最有力的风向将是同一高压系统的南边或低压系统的北边。此外，一个额外的好处是能够更好地把握在一个给定区域沿着基于高低压占主导的飞行路线上可以预期什么样的天气。

四、障碍物对风的影响

地面上障碍物影响风的流向。地面的地形和大的建筑物会分散风的流向，产生会快速改变方向和速度的阵风。这些障碍物包括：人造建筑物如飞机棚等，大的自然障碍物如山脉、峭壁或者峡谷等。当飞进或者飞离靠近这些障碍物的飞机场时，飞行员需要高度警惕。

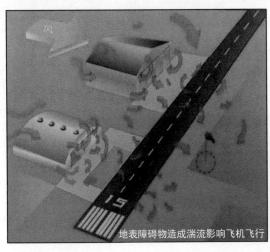

地表障碍物造成湍流影响飞机飞行

山区湍流对飞机飞行的影响

和地面建筑物有关的湍流强度依赖于障碍物的大小和风的基本速度。这会影响任何飞机的起飞和着陆性能，也会引发非常严重的危险。在飞行的着陆阶段，飞机可能由于湍流空气而下降，导致飞得太低而不能飞越进近时的障碍物。在山地区域时这种情况甚至更加明显。风沿着迎风侧平稳地向上流动，上升的气流会帮助飞机飞越山脉的顶峰，而背风侧的效果则不一样。当空气流在山的背风侧向下时，空气顺着地形的轮廓流动，湍流逐渐增加。这就趋向于把飞机推向山的一侧。风越强，向下的压力和湍流就变得越强烈。

由于在山谷或者峡谷中地形对风的影响，强烈的向下气流可能相当严重。因此，郑重地建议谨慎的驾驶员寻找一位合格的山地飞行指导员，在多山的地形或者靠近多山地区飞行前对山地进行调查。

第四节

大气稳定度

大气稳定度是指整层空气的稳定程度，以大气的气温垂直加速度运动来判定。大气中某一高度的一团空气，如受到某种外力的作用，产生向上或向下运动时，可以出现三种情况：

① 稳定状态。移动后逐渐减速，并有返回原来高度的趋势。

② 不稳定状态。移动后，加速向上或向下运动。

③ 中性平衡状态。如将它推到某一高度后，既不加速，也不减速而停下来。

大气稳定度对于形成云和降水有重要作用，有时也称大气垂直稳定度。

简而言之：空气受到垂直方向扰动后，大气层结（温度和湿度的垂直分布）使该气团具有返回或远离原来平衡位置的趋势和程度。

卷云　　高积云

积雨云　　雨层云

飞机一旦进入对流云，易遭到电击，使仪表失灵、油箱爆炸，或者造成强烈颠簸、结冰，使操纵失灵，发生飞行事故。

一、气温

气温对飞行造成直接或间接的影响是多方面的。

第一，气温高低影响飞机滑跑距离。气温高时，空气密度小，一方面使发动机推力或螺旋桨拉力减小，飞机增速慢；另一方面，使飞机的升力减小，要求飞机的离地速度增大，所以飞机起飞的滑跑距离要长一些。反之，气温低时，空气密度大，飞机增速快，飞机升力增大，因此起飞的滑跑距离就短一些。

同理，飞机着陆时的滑跑距离也受气温影响。气温高时，空气密度小，阻力小，飞机减速慢，滑跑距离增加；反之，气温低时，则滑跑距离缩短。

第二，气温对飞机平飞的最大速度也有影响。气温低时，空气密度大，飞机发动机的推力增大，空气的阻力也增加，但阻力增加数值不及推力增加数值，综合结果还是使平飞最大速度增加；相反，飞机在超音速和低音速飞行时，气温升高，平飞最大速度则会减小。

第三，气温高低影响飞机空速表和高度表的示数。飞机上使用的空速表和高度表是根据标准密度和标准气压设计的。在纬度45°处的海平面上，气压为760mmHg，气温为15℃时，所对应的密度为1.225g/m³；此密度称为标准密度，此气温称为标准气温。当实际空气密度与标准密度不一致或者实际气温与标准气温不一致时，就会影响到空速表和高度表示数的精准程度。

第四，气温的变化常常引起各种天气变化，进而影响到飞行活动。气温的变化和由于地表性质不同而引起的气温分布不均，最容易形成小规模的地方性风，这种小规模的地方性风常常引起低空风的突然变化，产生旋涡，这种旋涡将造成飞机颠簸甚至失速。

夜间气温降低，低层常常出现逆温，这是形成雾和烟幕的有利条件。雾和烟幕使飞机能见度变低。

气温随高度的分布是决定大气稳定度和形成云、雷雨的重要条件。因云和雷雨以及大气不稳定而出现的晴空对流，是影响飞机甚至危及安全的天气现象。

二、相对湿度

相对湿度是指空气中水汽压与饱和水汽压的百分比，即湿空气的绝对湿度与相同温度下可能达到的最大绝对湿度之比，也可以表示为湿空气中水蒸气分压力与相同温度下水的饱和压力之比。它反映了降雨、有雾的可能性。

三、温度/露点关系

露点温度指空气在水汽含量和气压都不改变的条件下，冷却到饱和时的温度。形象地说，就是空气中的水蒸气变为露珠时候的温度。露点温度本是个温度值，可为什么用它来表示湿度呢？这是因为，当空气中水汽已达到饱和时，气温与露点温度相同；当水汽未达到饱和时，气温一定高于露点温度。所以露点与气温的差值可以表示空气中的水汽距离饱和的程度。在100%的相对湿度时，周围环境的温度就是露点温度。露点温度越小于周围环境温度，结露的可能性就越小，也就意味着空气越干燥。露点不受温度影响，但受压力影响。当潮湿的不稳定空气上升时，云经常在温度和露点一致的高度形成。当升高时，不饱和空气冷却速度为5.4℉/1000ft，而露点温度降低速度为1℉/1000ft。这就导致了温度的收敛，即露点变化速度为4.4℉/1000ft。在报告的温度和露点数据上应用收敛速度来确定云底的高度。

四、确定空气到达饱和点的方法

空气中容纳水汽的数量随气温变化，气温越高，可以容纳的水汽就越多。在一定温度下，当空气不能再容纳更多的水汽时，就成了饱和空气。饱和空气在温度一定的条件下，单位体积空气中容纳水汽的数量有一定的限度，如果水汽含量未达到此限度，叫未饱和空气；如果水汽含量超过此限度，叫过饱和空气；如果水汽含量恰好达到这个限度，则叫饱和空气。从分子运动角度看，饱和空气是同一时间内逸出水面的分子与落回水面的水汽分子恰好相等，水与水汽之间达到平衡状态，蒸发停止，处于这种状态的空气称为饱和空气。

五、露和霜

飞机外表面的冰、霜、雪等污染物会使飞机的外形发生变化，增加飞机重量，使飞机的外表面变得粗糙，增加阻力，减小升力。严重时会引起飞机失速和瞬间反常上仰，从而使操纵效能降低及起飞离地过程中出现非指令仰角变化和滚转，使飞行姿态难以控制，处置不当会严重危及飞行安全。

六、雾

雾是从地表开始50ft（15.24m）内的云。它通常发生在接近地面的空气温度冷却到空气的露点时。这时，空气中的水蒸气凝结，变成雾这种可见的形式。雾是按照它形成的方式来分类的，且依赖于当前温度和空气中水蒸气的多少。专业能见度的概念是正常视力的人在当时天气条件下，从天空背景中能看到或辨认出目标物的最大水平能见距离。它与飞机的起降有着最直接的关系，所谓的"机场关闭""机场开放""简单气象飞行""复杂气象飞行"，指的就是云和能见度的条件。

七、云

云是可见的指示物，而且通常也是将来天气的预示。对于云的形成，必须有足够的水蒸气和凝结核，以及空气可以冷却的一个方法。当空气冷却，到达它的饱和点，不可见的水蒸气变为可见的状态。机场上空高度较低的云会使飞行员看不清跑道，直接影响飞机的起降。其中，危害最大的云是对流云，飞机一旦进入，易遭到电击，使仪表失灵，油箱爆炸，或者造成强烈颠簸、结冰，使操纵失灵，发生飞行事故。

第五节

气团与锋的概念及锋面天气

一、气团

气团是指气象要素（主要指温度和湿度）水平分布比较均匀的大范围的空气团。在同一气团中，各地气象要素的重点分布几乎相同，天气现象也大致一样。气团的水平范围可达几千千米，垂直高度可达几千米到十几千米，常常从地面伸展到对流层顶。气团的分类方法主要有三种：第一种是按气团的热力性质不同，划分为冷气团和暖气团；第二种是按气团的湿度特征的差异，划分为干气团和湿气团；第三种是按气团的发源地，常分为北冰洋气团、极地气团、热带气团、赤道气团。

二、气团的变性和天气

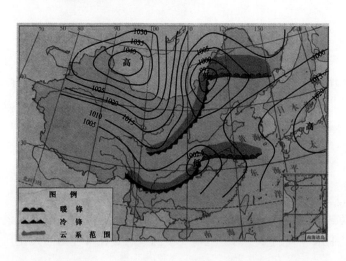

大气处在不断的运动中，当气团在广阔的源地上取得与源地大致相同的物理属性后，离开源地移至与源地性质不同的下垫面时，二者间又发生了热量与水分的交换，则气团的物理属性又逐渐发生变化，这个过程称为气团的变性。

对于不同的气团来说，其变性的快慢是不同的。一般来说，冷气团移到暖的地区变性快，而暖的气团移到冷的地区变性慢。这是因为，当冷气团离开源地后，气团低层要变暖、增温，逐渐趋于不稳定，对流易发展，能很快地把低层的热量和水汽向上输送，所以，气团变性快；相反，当暖气团离开源地后，由于气团低层不断变冷，气团逐渐趋于稳定，对流不易发展，因此，气团变性较慢。

三、锋面及其分类

锋面就是温度、湿度等物理性质不同的两种气团的交界面，或者叫过渡带。锋面与地面的交线，称为锋线，也简称为锋。锋面的长度与气团的水平距离大致相当，由几百千米到几千千米，宽度比气团小得多，只有几十千米，最宽的也不过几百千米。垂直高度与气团相当，几千米到十几千米。锋面也有冷暖、移动、静止之分。锋是冷暖气团之间的狭窄、倾斜过渡地带。因为不同气团之间的温度和湿度有相当大的差别，而且这种差别可以扩展到整个对流层，当性质不同的两个气团，在移动过程中相遇时，它们之间就会出现一个交界面，叫锋面。一般把锋面和锋线统称为锋。所谓锋，也可以理解为两种不同性质的气团的交锋。由于锋两侧的气团性质上有很大差异，因此锋附近空气运动活跃，在锋中有强烈的升降运动，气流极不稳定，常造成剧烈的天气变化。因此，锋是最重要的天气系统之一。锋是指分隔冷、暖两种不同性质气团之间的狭窄的过渡带。这个过渡带自地面向高空冷气团一侧倾斜。在这一过渡带里温度变化特别大。

四、暖锋

暖锋是指锋面在移动过程中，暖空气推动锋面向冷气团一侧移动的锋。

暖锋过境后，暖气团占据原来冷气团的位置。暖锋多在中国东北地区和长江中下游活动，大多与冷锋联系在一起。暖锋过境时，温暖湿润，气温上升，气压下降，天气多转云雨。暖锋与冷锋相对，但比冷锋移动速度慢，可能会连续性降水或出现雾。

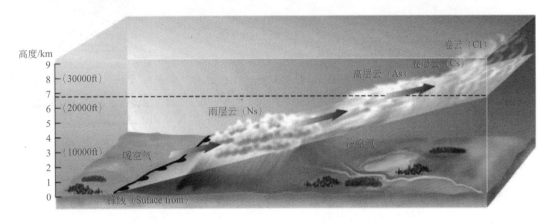

五、冷锋

冷气团主动向暖气团移动形成的锋称为冷锋。冷锋是我国最常见的一种锋，它可以活动于全国各地。但由于冷锋和高空槽的配置、移动快慢等不同，冷锋附近云和降水的分布也有明显的差别，有的主要出现在锋后，有的则主要出现在锋前。

（1）快速移动的冷锋

快速移动的冷锋受实际锋面后远处的强烈压力系统推动。地面和冷锋之间的摩擦力阻碍冷锋的运动，因此产生了一个陡峭的锋面。这就产生了一个非常狭窄的天气带，集中在锋面的前沿。如果被冷锋压倒的暖空气是相对稳定的，那么在锋面前方的一段距离内可能出现乌云密布的天空和下雨天气。如果暖空气不稳定，可能形成分散的雷暴和阵雨。沿锋面或锋面之前可能形成连续的雷暴雨带或者一条飑线。由于狂暴的雷暴是强烈且快速移动的，飑线对飞行员来说是严重的危险。在快速移动的冷锋之后，天空通常很快放晴，冷锋留下了狂暴的阵风和更冷的温度。

（2）飞向逼近的冷锋

和暖锋一样，不是所有的冷锋都相同。向逼近的冷锋飞行，飞行员会遇到不同的情况。云层从高空分散逐渐向低空分散变化，大气压力不断下降，能见度降低。天气变化呈现多样性。在冷锋附近还可能出现雷暴和阵雨。但冷锋过后天气逐渐变好。所以飞行员需要使用基于锋面状况的知识，做出合理判断，远离锋面，安全飞行。

（3）冷锋和暖锋对比

暖锋和冷锋在特性上是非常不同的，相同的是每一个锋面都有危险。它们在速度、结构、天气现象和预报方面都是变化多端的。冷锋，它以32～48km/h的速度移动，相对暖锋移动得更快，暖锋只以16～40km/h移动。冷锋也促使形成陡峭的锋面坡度。激烈的天气活动和冷锋有关，天气通常沿锋面边界出现，而不是在前方。然而，飑线可以在夏季月份形成，在严重冷锋的前面远到322km。暖锋产生低云幕高度，差的能见度和下雨天气，而冷锋产生突发的暴风雨、阵风、紊流，有时还有冰雹或者龙卷风。

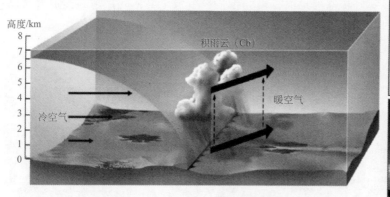

冷锋是快速来临而很少有迹象，甚至是没有警告的，它们可以在几个小时内引起天气完全变化。过后，天气很快放晴，无限能见度的干燥空气取代了原先的暖空气。而且暖锋对它们的来临提供了提前的警告，可能要好几天才能经过一个地区。

冷锋过境的次数以冬季最为频繁。冷风一般向南到东南方向移动。冷锋影响前，一般吹东南风或南到西南风，气压降低，湿度增大，气温较高；冷锋影响时，风向转偏北，气压逐渐升高，湿度减小，气温下降，一般会出现降水；冷锋过后空气逐渐占据原来暖空气控制的地区，气温下降，气压上升，天气多转晴好。

六、风的转向

风在锋面两侧有明显的逆向转变，即由锋后到锋前，风向呈逆时针方向变化，形成锋面气旋。锋面气旋在我国春季最多，秋季较少。它是一个发展深厚的低气压系统，其中心气压低，四周气压高。空气从外围向中心流动，呈逆时针方向旋转。所以，处于气旋前部（即东部）的地方，吹东南风；气旋后部（西部），吹西北风。气旋内部盛行辐合上升气流，能造成大片降雨区。因此，当连续吹东南风时，往往预示着天气将要变坏。天气谚语说的"东南风雨祖宗，西北风一场空"和"东风雨，西风晴"是有一定实际意义的。

七、静止锋

当来自北方的冷气团和来自南方的暖气团，两者势均力敌、强度相当时，它们的交锋区很少移动，这种锋面称为静止锋。

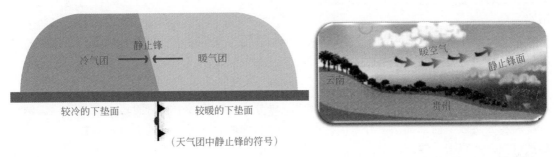

（天气图中静止锋的符号）

常常冷气团稍强时向南移一些，忽而暖气团强时向北推一些，使锋面呈现南北摆动的状况，也称准静止锋。春季、夏初（梅雨）和秋季的连阴雨天气和梅雨天气就是因静止锋的影响而造成的。

第六节

严重影响飞行的气象

一、雷暴

由对流旺盛的积雨云引起的，伴有电闪雷鸣的局地风暴，称为雷暴。

[1] 雷暴形成条件及气象要素的变化

雷暴是由强烈的积雨云产生的，形成强烈的积雨云需要三个条件：

① 深厚而明显的不稳定气层。

② 充沛的水汽。

③ 足够的冲击力。

雷暴产生之前，当地一般被暖湿空气所盘踞，所以常会感到闷热；雷暴发生时积雨云中下沉的冷空气代替了原来的暖湿空气，所以温度骤然降低。夏季，一次强的雷暴过程常可使气温下降10℃以上；随着雷暴远离当地，降水结束，气温又慢慢开始回升。

雷暴处于发展阶段，地面气压持续下降，因为积雨云中上升气温使高层辐散大于低层辐合，云中水汽凝结释放的潜热使空气增温、气柱膨胀；到成熟阶段，由于下降冷空气的出现，气压便突然上升，且在积雨云的正下方达到最大，几乎是和气温的下降同时出现；随着雷暴的远离，气压又开始恢复正常。

雷暴发生前，地面相对湿度通常是减小的，这是由于气温升高、气压下降、辐合上升气流将一部分水汽带走而造成的；随着降水开始，相对湿度即迅速上升到接近饱和状态，但在降水达到最大时，因为云底较干冷的空气被云中下沉气流卷挟到地面，而降落的雨滴又未来得及蒸发，相对湿度反而下降；当雷暴离去或趋于消亡时，相对湿度又可回升到饱和状态。

当雷暴处于发展阶段时，地面风很小；雷暴到达成熟阶段以后，随着积雨云中迅速下沉的冷空气到达地面后，风向突转，风力迅速增大，阵风风速常在20m/s，有时强烈的可以达到25m/s或以上，这种现象常常是雷雨即将来临的先兆；随着雷暴的远离，当地风力迅速减小。

雷暴所产生的降水是积雨云发展成熟的标志，大都是强度很大的阵性降水，降水的持续时间取决于通过当地的雷暴单体的数目、大小、速度和部位。

（2）一般雷暴结构

一般雷暴单体的生命史根据垂直气流状况可分为三个阶段：积云阶段、成熟阶段、消散阶段。积云阶段：内部都是上升气流，并随高度的增加而增强。因为大量水汽在云中凝结并释放潜热，所以云中温度高于同高度上四周空气的温度。成熟阶段：云中除上升气流外，局部出现有系统的下降气流和降水，产生并发展了强烈的湍流、积冰、闪电、阵雨和大风。消散阶段：下降气流遍布云中，温度低于周围空气。一般雷暴单体的水平尺度为5～10km，高度可达12km，生命期大约1h。

（3）雷暴与飞行

据科学家统计，在全球范围内差不多每秒钟就有近100次雷电奔驰落地，每小时约有1800场雷雨。雷声隆隆、电光闪闪，它们往往与狂风呼啸、暴雨滂沱交相呼应，显示出大自然无比强大的威力，构成了一幅蔚为壮观的画面。雷暴是一种极具危险性的天气现象，尽管现代科学技术已经创造了相当成熟的避雷装置和雷击防护措施，然而全球每年仍然存在由雷暴造成的大量灾祸，如影响飞机、舰船、电气机车等的航行（行驶），酿成空难、海难、车

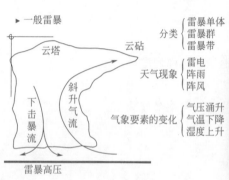

雷暴：由对流旺盛的积雨云引起的，伴有电闪雷鸣的局地风暴。

祸等交通事故；击毁建筑物、输电和通信线路等设施，造成各种事故；直接击伤、击毙人畜。此外，还可能引起次生火灾等。在这些灾祸中，航行于雷暴天气里的飞机、舰船遭到雷电袭击是最易发生的。

雷暴能产生对飞机危害很大的电闪雷击和冰雹袭击、风切变和湍流，使飞机颠簸、性能降低，强降雨使飞机气动性能变差、发动机熄火。虽然现在飞机性能、机载设备、地面导航设施都越来越先进，但这只是为尽早发现雷暴、顺利避开雷暴提供了更有利的条件。到目前为止，要完全消除雷暴对飞机的影响还不可能。

二、积冰

飞机积冰是指飞机机体表面某些部位聚集冰层的现象。它主要是由云中的过冷水滴或云中的过冷雨碰到飞机机体后结冰形成的，也可由水汽直接在机体表面凝华而成。飞机在云中飞行时间过长易导致积冰。在寒冷季节，地面露天停放的飞机也会形成积冰。

三、积冰的形成、强度

[1] 积冰的分类

飞机积冰主要分为三种：冰、雾凇、霜。

① 冰：冰有明冰、毛冰（半透明混合体）、白冰（颗粒状冰）。

a.明冰：通常是在温度为0～–10℃、含有大的过冷水滴的云中或过冷却雨区中飞行时形成的，呈透明玻璃状，平滑而坚固，主要出现在机翼水平安定面的前缘、飞机机头整流罩和发动机进气口。

b.毛冰：这种冰通常是在温度为–6～–10℃的大量过冷水滴、冰晶和雪花组成的混合云中飞行时产生的，其表面粗糙而不透明，色泽如白瓷，冻结得坚固而不透明，是最危险和最严重的一种积冰。

c.白冰：其温度在–10℃以下由比较均匀的小水滴组成的云中飞行时产生的，呈白色，比较疏松，附在飞机表面，不太牢固。如果飞行时间长，以及冰层厚度增大，也能造成严重威胁。

② 雾凇：通常是在温度低于–10℃的云中飞行时形成的一种白色大颗粒冰晶层，表面粗糙不平，附在飞机表面不牢固，容易被气流吹走。

③ 霜：这是由水汽凝结产生的白色小冰晶层，振动时容易从飞机表面脱落。霜对机翼空气动力性能有显著影响，当出现在座舱风挡玻璃上时，影响视野，使飞机操纵发生困难。

[2] 积冰的形状

积冰的形状主要取决于冰的种类、飞行速度和气流绕过飞行器的不同部位的情况。积冰的形状一般分为槽状冰、楔状冰和混合冰。根据空勤人员获得的喷气式飞机积冰统计数据，槽状冰约占30%，楔状冰约占15%，而混合冰约占55%。

① 轻度结冰：如果在这种环境下长时间飞行的话（超过1h），可能会影响飞行。如果间断使用除冰/防冰设备除掉，防止冰的积聚，则不会影响飞行。

② 中度结冰：积聚得很快，甚至短时间内就会构成危险，因此需要使用除冰/防水设备或改航。

③ 严重结冰：积聚得非常快，除冰/防水设备也不能减少或控制危险，必须立即改航。这种情况需要向ATC报告。

（3）空中积冰天气和积冰概率

云是积冰的主要天气现象。

① 积云（CU、CU+）和积雨云（CB）。积云是由从近地面层向上抬升的垂直气流形成的，上行前的气温和湿度比较高。由于垂直运动的绝热变化，未达到饱和的空气达到饱和，形成云，云中水气和水滴都比较大，会发生强烈积冰，同时，由于云中各部位的含水量和水滴大小的分布不同，中、上部是最强的积冰区域。在夏季，由于0℃等温线较高，在积云中飞行时，一般不会发生积冰，只有在积雨云（CB）和浓积云（CU+）的中、上部才有积冰，在纬度比较低的地区，0℃等温线的高度更高，厚度较小的浓积云也不会积冰。在春秋季节，北方的积状云中，通常在下部也有可能积冰，而在南方，开始积冰的高度通常在云的中部。冬季，由于积云和积雨云出现的机会较少，因此由它们引起的积冰机会也不多。

② 层云（ST）和层积云（SC）。层状云的水汽含量一般都较少，有时在较厚云层云顶附近多一些。因此，积冰强度为轻度或中度，层云和层积云是我国冬季常见的降雨云系，飞行中遇到的机会较多，积冰的机会也随之增多，如果整个云层有过冷却的降水，则云中都可能有中度以上的积冰。

③ 高积云（AC）。由于高度高、温度低、厚度薄、水量少，因而往往是轻度积冰。

④ 雨层云（NS）和高层云（AS）。这两种云只会形成轻度的积冰，但雨层云和高层云多在锋线上形成，范围广、厚度大，沿锋面伸展可达1000多千米，垂直锋面伸展也可达200～400km，其厚度可有1.5km以上，因此，飞机穿过它们所需时间较长，有积厚冰层的危险。由于这两种云的含水量和水滴的分布是随高度的增加而减少的，因而积冰强度也随高度增高而逐渐减弱，在夏、秋季节云中的积冰均在上部，而冬、春季云的各个部位都可能有积冰出现。

飞机积冰的概率取决于很多因素，主要是：天气条件、飞行高度上云的概率、云的含水量、气温、云中水滴和冰晶的大小及它们在单位时间内落在单位面积上的数量、水滴的冰结速度、气流绕过飞机各部位的特点（飞机的空气动力特性）以及飞行速度。过冷水滴组成的浓密云中积冰概率最大。

飞行实践表明，在锋面中，当飞行高度上温度适宜时，积冰频率比较大。而锋面中度积冰的频率比均匀气团中高一倍，而强烈积冰则高八倍。

云层温度是影响飞机积冰的主要参数之一，据有关报道，飞行在0～-40℃甚至更低的云温条件下，都有积冰可能。不过综合英、美、日及前苏联的有关积冰发生率统计报告，可以得出下述结论：飞机积冰一般发生在0～-20℃的温度范围内，尤其在-2～-20℃温度范围内遭遇积冰的次数最多，而强烈的积冰主要发生在-2～-8℃的温度范围内。

就季节而言，不同季节飞机积冰频率不同，在冬、秋两季积冰频率比较高。

飞行高度不同，飞机积冰频率也不同。根据有关记载分析：冬季在3000m以下（含3000m）各高度上飞行时，积冰几乎占56%，在6000m以上高度上飞行时，积冰占21%；而在夏季3000m以下高度上，积冰现象减少，几乎没有，在6000m以上，积冰占62%。

（4）地面积冰的气象条件

① 冻雨：外界温度在0℃以下时，过冷状态的雨滴一旦与地面物体接触便容易结冰。

②　冻结的降水，如雪、雨夹雪或冰雹。雪的种类（湿雪/干雪）与温度、露点有关。湿雪：温度和露点相互之差通常在1℃以内，外界温度在-4～1℃。干雪：温度与露点相差5℃以上，两者的外界温度在-8℃以下。

③　过冷的地面雾、冷低云：在寒冷天气条件下，带有过冷水滴的云会在物体表面积冰。

④　温度在冰点或以下、相对湿度很高的情况下，飞机表面会形成霜。飞机停场过夜时以及飞机从巡航高度下降着陆后，飞机表面、燃油温度仍保持在冰点以下时，霜的积聚是很常见的。

⑤　在有水汽、雪的停机坪、滑行道和跑道上运作。

⑥　由于地面风、其他飞机或地面辅助设备不断把雪吹起来。

〔5〕积冰对飞行的影响

①　升力面积冰。当机翼和尾翼积冰时，能使飞机的空气动力特性和飞行特性显著变坏，由于积冰，流线型部位的形状发生变化，翼型失真（变形），导致摩擦阻力和压差阻力都增大。积冰使翼型变形，破坏空气绕过翼面的平滑流动，使升力明显地减小，失速加快，失速速度增大，临界迎角减小；同时会使飞机的重量增加，阻力增加，耗油率增加。根据有关方面的飞行试验，机翼、尾翼积冰时，其阻力增加占飞机因积冰引起总阻力增加的70%～80%，当在大迎角下飞行时，更突出，如果积冰层较厚，还会使飞机的重心位置改变，从而影响飞机的安定性，升力中心位移，操纵品质变差。当机翼前缘有1.3cm的积冰时，飞机升力就会减小50%，阻力增加50%。由此可见，积冰对飞行安全的影响严重。

②　发动机积冰。在飞机其他部位没有积冰时，喷气式发动机进气道有时会有积冰。因为机翼和尾翼前部的动力增温，比喷气式发动机进气口处要大得多。飞行实践证明，当外界气温等于或小于+5℃时，喷气式发动机进气口部分可以发生积冰。

进气道积冰将导致内表面气动特性恶化，使进气速度场分布不均匀和使气流发生局部分离，引起压气机叶片的振动，冰屑脱离，进入压气机，而造成压气机的机械损伤，从而使发动机的推力降低，严重时，造成发动机损坏或熄火。

③　空速管和静压孔积冰。空速管和静压孔积冰，会使空速表、气压高度表、迎角指示器、M数指示器、升降速度表等一些重要驾驶仪表指示度失真，甚至完全失效，导致自动系统会提供错误信息，使飞行员失去判断飞行状态的依据。

④　天线积冰。天线积冰可能会使无线电通信失效，中断联络。强烈积冰能使天线同机体相接，发生短路，会造成无线电导航设备失灵。

⑤　风挡积冰。风挡积冰会大大降低其透明度，使目视条件大大恶化，严重影响飞行员视线。特别是在起飞、着陆阶段，影响目视会使飞机着陆发生困难，导致判断着陆高度不准确，进而影响着陆安全，严重时会出现危险。

⑥　操纵面积冰。如果操纵面的主要区域有冰、雪、霜，会导致操纵面冻结在原有位置或运动受阻。

⑦　起落架装置积冰。起落架装置上的积冰，会在收轮时损坏起落架装置或设备，积聚在起落架上的冰雪在起飞时脱落，会损坏飞机。

⑧　飞机在地面积冰。飞机在地面停放和滑行时，也可能积冰。地面积冰时，冰的聚积是不对称的，首先在迎风的一面开始冻结，使飞机表面上冰层的厚度不一样，对安全性和正常性有很不利的影响。根据有关飞行试验，在机翼上有0.1in（2～3mm）的一层霜，会使失速

速度增加约35%，起飞滑跑距离增长一倍。当积冰的飞机起飞时，气流会从机翼上过早地和明显地分离。所以积冰的飞机离地升力系数比正常飞机小15% ~ 20%，相当危险。

四、能见度

1.能见度的概念和种类

能见度是反应大气透明度的一个指标，航空界定义为具有正常视力的人在当时的天气条件下还能够看清楚目标轮廓的最大距离。能见度和当时的天气情况密切相关。当出现降雨、雾、霾、沙尘暴等天气时，大气透明度较低，因此能见度较差。测量大气能见度一般可用目测的方法，也可以使用大气透射仪、激光能见度自动测量仪等测量仪器测试。

气象学中，能见度用气象光学视程表示。气象光学视程是指白炽灯发出色温为2700K的平行光束的光通量，在大气中削弱至初始值的5%所通过的路径长度。

白天能见度是指视力正常（对比感阈为0.05）的人，在当时天气条件下，能够从天空背景中看到和辨认的目标物（黑色、大小适度）的最大水平距离，实际上也是气象光学视程。

夜间能见度是指：假定总体照明增加到正常白天水平，适当大小的黑色目标物能被看到和辨认出的最大水平距离；中等强度的发光体能被看到和识别的最大水平距离。

所谓"能见"，在白天是指能看到和辨认出目标物的轮廓和形体；在夜间是指能清楚看到目标灯的发光点。凡是看不清楚目标物的轮廓，认不清其形体，或者所见目标灯的发光点模糊，灯光散乱，都不能算"能见"。

在航空学中，能见度的定义如下：以暗色作为背景，1000烛光（Candelas）能够被识别的最远距离。

常用的能见度分类：

① 航空能见度：分为地面能见度和空中能见度。

地面能见度是指在昼间以靠近地平线的天空为背景，能分辨视角大于20′的地面灰暗目标轮廓的最大距离。例如，一个宽度为58m、距离眼点10km的物体，其视角为20′，正常视力的人用肉眼刚好能够看得见，则能见度为10km。空中能见度是指在空中飞行时，透过座舱玻璃观测地面或空中目标的能见度。

② 有效能见度：指观测点四周一半以上的视野内能达到的最大水平距离。中国民航观测和报告有效能见度。

③ 主导能见度：指观测点四周一半以上的视野内能达到的最大水平距离。

④ 跑道能见度：指从跑道的一端沿跑道方向可以辨认跑道本身或接近跑道的目标物（夜间为指定的跑道边灯）的最大距离。

⑤ 垂直能见度：指浑浊媒质中的垂直视程。

⑥ 倾斜能见度：指从飞行中的飞机驾驶舱观察未被云层遮蔽的地面上的明显目标物（夜间为规定的灯光）时，能够辨认出来的最大距离。从地面向斜上方观察时能见度也称为倾斜能见度。

⑦ 最小能见度：指能见度因方向而异时，其中最小的能见距离。

2.影响能见度的因素

在空气特别干净的北极或是山区，能见度能够达到70 ~ 100km，然而能见度通常由于大气污染以及湿气而有所降低。霾（干）或雾（湿）会严重影响能见度，可将能见度降低至零。同样沙尘暴、森林大火、雷雨、暴风雪等也对能见度造成巨大影响。

国际上对烟雾的能见度定义为不足1km，薄雾的能见度为1～2km，霾的能见度为2～5km。烟雾和薄雾通常被认作是水滴的重要组成部分，霾和烟的粒径相对要小一些，这表明一些探测器如热影像仪（Thermal Imagers，TI/LIR）利用远红外，其波长为10μm左右，这个能更好地穿透霾和一些烟雾，因为其粒径比波长要小。因此红外辐射既没有被明显地改变方向，也没有被颗粒物完全吸收。能见度不足100m通常被认为为零。

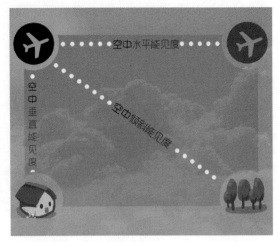

3.视程

（1）跑道视程

跑道视程（Runway Visual Range，RVR）是指在跑道中线，航空器上的飞行员能看到跑道面上的标志或跑道边界灯或中线灯的距离。

这里所说的航空器上的飞行员所处的高度可以认为大约5m；所谓标志是指为了表示跑道中心线或接地线用白漆在跑道表面画出的标志。

一般来说，RVR是指从飞机的接地地点看到的能见距离。但实际上是不可能到跑道中间去观测的，这就必须取一个能代替接地地点的位置，使测量出的能见距离尽可能和接地地点测量的一致。国际民航组织建议："这个位置应是在离跑道一侧不超过120m处。代表接地地带的观测，其观测位置应沿跑道，离入口处约300m；代表跑道中间地段和较远地段的观测位置，应位于沿跑道入口1000～1500m，但要离跑道另一端300m。决定这些点和必要增加的点的确切位置时，应考虑航空的、气象的和气候的因素后，例如长跑道、沼泽地和其他有利于雾形成的区域，再予决定。"

（2）视程障碍

视程障碍即视程障碍天气现象，是指空气中因存在水汽凝结物、干质悬浮物等而使空气变得浑浊，并造成能见度下降的一类天气现象。视程障碍包括雾、轻雾、雪暴、吹雪、沙尘暴、扬沙、浮尘、烟幕、霾，是在一定的天气条件下产生的，反映着大气中不同物理过程，是天气变化的体现，也是天气预报的依据之一，对当地的生产、生活和交通运输都有极大的影响。

五、山地气流和对飞行的影响

1.山地气流的概念

我国有很多地方是起伏不平的山地和丘陵，这些地方除受纬度和海、陆的影响以外，还由于山的高度、大小、坡度、坡向等种种因素的影响而具有独特的气候状态，称为山地气候。

山地对风的影响有两方面：一方面是山体本身的障碍影响，使气流被迫改变运行方向，一般山顶和峡谷风口的风速增大，例如我国新疆西部的阿拉山口每年平均有8级以上大风164天，最大风速超过气象站测风仪的最大刻度（40m/s）。由于山体的机械影响还可以产生

布拉风、焚风（干热风）等。另一方面山地还可因热力影响形成山谷风。

因山坡和谷地上空自由大气的热力变化不同而引起的一种在山地常见的局地环流，称为山谷风。白天山坡上空气比同高度上自由大气增热厉害，空气密度小，暖空气沿坡上升，同高度谷底的自由大气较冷，空气密度大，冷空气下沉并沿山坡流向山顶，补充暖空气的位置，称为谷风，山顶有从山坡上空流向山谷上空的气流称为反谷风。夜间由于山坡上辐射冷却，比同高度自由大气降温快，邻近坡面的空气迅速变冷、下沉，沿坡流向谷地称为山风，而同高度自由大气温度相对较暖被挤上升，在上空流向坡地上空予以补偿称为反山风。由于这种风一般沿坡面吹，又称上坡风（谷风）和下坡风（山风）。山谷风的周期为一昼夜，在晴朗少云的静稳天气条件下，山谷风比较明显。同时，由于白天山坡受热造成的温差比夜间辐射冷却所造成的温差大，因此一般谷风风速大于山风风速。

山地湍流可由地表摩擦作用和风的垂直切变引起，此为动力湍流；也可由地表热力差异和坡向不同所产生的热力效应引起，此为热力湍流。动力湍流主要出现在山顶和背风坡上空以及山坡两侧绕山涡旋（绕垂直轴），湍流强度取决于风速大小和风向相对山脊的夹角以及气层稳定度。

在风向与山脊近似于正交，风速较大，且气层稳定度随高度趋于稳定的大气层结条件下，易形成背风风波（山波），即表现为在山脊背风侧上空形成波动气流，底层出现绕水平轴的强大涡流（滚轴流或滚转流），其中最强的阵风可达12m/s以上。若气层比较潮湿，可见结构清晰的低层云系，表现为几个强局地湍流区，影响到各种飞机的飞行。滚轴流区通常位于山脊背风侧后第一或第二波之下，当飞机在产生波动的背风坡山地表面附近下降或爬升时，应避开滚轴流区。而且山脊附近的湍流区并非总能通过特殊云状来察觉，当然偶尔也可通过山脊附近，尤其是下风的尘暴来发觉。

2.山地气流对飞行的影响

山地飞行的关键在于一定要在安全高度以上，高度就是生命。飞过山脊后不应立即下降高度，以免坠入滚轴湍流中。在山谷飞行时，常靠近迎风坡飞行，飞出山口也不要过早地转弯，以免误入立轴湍流中。当飞机遭遇下沉气流，并超过其爬升能力而碰撞山体时，飞机往往不能区分地形，也不能完全扭转当时的危险。在上升/下沉气流区，遭遇颠簸的严重性是飞机地速的函数，因为这种波动是驻波，当在下风位置飞行时，要比上风飞行遭遇的中等至强烈湍流的机会更多。当在上风位置飞行时，可能有较长时间暴露于湍流之中，并遭遇分片性波动湍流，这种流动湍流，当它们移向下风区时，将进一步发展，然后衰减。

在云中飞行，应保持与山的安全高度，同时注意云内负温情况，避免飞机积冰。山地飞行，气压高度表因升降气流影响误差较高，可偏至数百米，应把握飞行高度，避免迷航。同时山区中午常出现局地雷暴，飞行时注意不要误入积雨云。山地风向变化大，起飞、降落必须注意当时风的情况。

六、低空风切变

1.低空风切变的种类

风切变是指风矢量（风向、风速）在空中水平和（或）垂直距离上的变化。对飞机起飞和着陆安全威胁最大的是低空风切变，即发生在着陆进场或起飞爬升阶段的风切变。它不仅能使飞机航迹偏离，而且可能使飞机失去稳定。如果驾驶员判断失误和处置不当，则常会产生严重后果。世界上曾因此发生多起机毁人亡的事故。风切变还严重影响火箭飞行的稳定性，火箭设计和发射的环境限制条件包括风切变。风切变主要由锋面（冷暖空气的交界面）、逆温层、雷暴、复杂地形地物和地面摩擦效应等因素引起。

发生在低层（距地面500m）的风切变严重影响航空器的起降，将发生在这一气层中的风切变称为低空风切变。

为了确保安全，国际航空、航天和气象界都积极开展低空风切变的研究。风切变常分为以下几种：

① 风的水平切变（又称水平风切变），是风向和（或）风速在水平距离上的变化；

② 风的垂直切变（又称垂直风切变），是风向和（或）风速在垂直距离上的变化；

③ 垂直风的切变，是垂直风（即升降气流）在水平或航迹方向上的变化。下冲气流是垂直风的切变的一种形式，呈现为一股强烈的下降气流。范围小而强度很大的下冲气流称为微下冲气流。

2.产生低空风切变的天气条件

产生低空风切变的原因主要有两大类：一类是大气运动本身的变化所造成的；另一类则是地理、环境因素造成的。有时是两者综合而成。

〔1〕 产生低空风切变的天气背景

能够产生有一定影响的低空风切变的天气背景主要有三类：

① 强对流天气。通常指雷暴、积雨云等天气。在这种天气条件影响下的一定空间范围内，均可产生较强的风切变。尤其在雷暴云体中的强烈下降气流区和积雨云的前缘阵风锋区更为严重。特别强的下降气流称为微下冲气流，是对飞行危害最大的一种。它是以垂直风为主要特征的综合风切变区。

② 锋面天气。无论是冷锋、暖锋或锢囚锋均可产生低空风切变。不过其强度和区域范围不尽相同。这种天气的风切变多以水平风的水平和垂直切变为主（但锋面雷暴天气除外）。一般来说其危害程度不如强对流天气的风切变。

③ 辐射逆温型的低空急流天气。秋冬季晴空的夜间，由于强烈的地面辐射降温而形成低空逆温层，该逆温层上面有动量堆集，风速较大，形成急流，而逆温层下面风速较小，近地面往往是静风，故有逆温风切变产生。该类风切变强度通常更小些，但它容易被人忽视，一旦遭遇，若处置不当也会发生危险。

〔2〕 地理、环境因素引起的风切变

这里的地理、环境因素主要是指山地地形、水陆界面、高大建筑物、成片森林与其他自然的和人为的因素。这些因素也能引起风切变现象。其风切变状况与当时的盛行风状况（方向和大小）有关，也与山地地形的大小、复杂程度，迎风背风位置，水面的大小和机场离水面的距离，建筑物的大小、外形等有关。一般山地高差大，水域面积大，建筑物高大，不仅容易产生风切变，而且其强度也较大。

3.低空风切变对起飞着陆的影响

以危害性最大的微下冲气流为例，它是以垂直风切变为主要特征的综合风切变区。由于在水平方向垂直运动的气流存在很大的速度梯度，也就是说垂直运动的风速会突然加剧，并且与地面撞击后转向与地面平行而变成为水平风，风向以撞击点为圆心四面发散，因此在一个更大一些的区域内，又形成了水平风切变。如果飞机在起飞和降落阶段进入这个区域，就有可能造成失事。比如，当飞机着陆时，下滑通道正好通过微下冲气流，那么飞机会突然地非正常下降，偏离原有的下滑轨迹，有可能高度过低造成危险。当飞机飞出微下冲气流后，又进入了顺风气流，使飞机与气流的相对速度突然降低，我们知道飞机的飞行速度必须大于最小速度才能不失速，由于飞机在着陆过程中本来就在不断减速，突然地减速就很可能使飞机进入失速状态，飞行姿态不可控，而在如此低的高度和速度下，根本不可能留给飞行员空间和时间来恢复控制，从而造成飞行事故。

严重的低空风切变，常发生在低空急流即狭长的强风区，对飞行安全威胁极大。这种风切变气流常从高空急速下冲，像向下倾泻的巨型水龙头，当飞机进入该区域时，先遇强逆风，后遇猛烈的下沉气流，随后又是强顺风，飞机就像狂风中的树叶被抛上抛下而失去控制，因此极易发生严重的坠落事件。

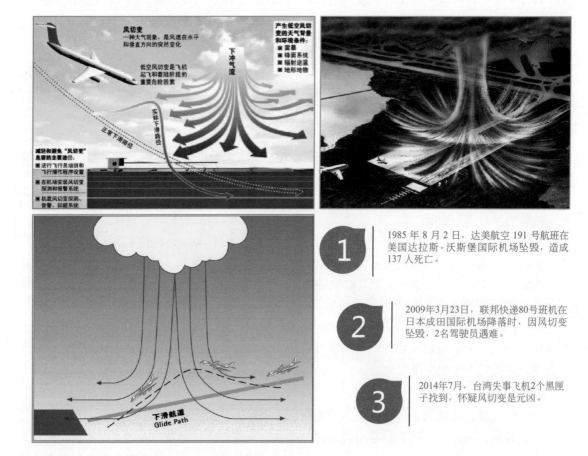

1　1985年8月2日，达美航空191号航班在美国达拉斯-沃斯堡国际机场坠毁，造成137人死亡。

2　2009年3月23日，联邦快递80号班机在日本成田国际机场降落时，因风切变坠毁，2名驾驶员遇难。

3　2014年7月，台湾失事飞机2个黑匣子找到，怀疑风切变是元凶。

4.低空风切变的识别及避让

及时、准确地判断和识别低空风切变的存在、类型和强度是确保飞机起飞、着陆安全的重要环节。因为某些强风切变实际上是不可抗拒的，避开它才是唯一有效的办法。那么飞行员应如何判断和识别低空风切变呢？

(1) 目视判断法

① 雷暴冷性外流气流的尘卷风（云）。雷暴型风切变都有冷性外流气流，前缘阵风锋的强劲风速会把地面的尘土吹起相当的高度，尘土恰好随气流而动，结果往往呈现出外流气流外形高度，其高度也代表了强度。一旦飞行员或地面人员见到尘云出现就应高度警惕，视其高度、距离立即采取措施。因为紧跟尘云的往往就是风速差平均可达25m/s，最大可达48m/s的强风切变，而时间仅几分钟。

② 滚轴状云。在雷暴型和强冷锋型风切变中，强型的冷性外流气流往往存在着明显的涡旋运动结构。远处看时，像贴地滚滚而来的一堵云墙，气势磅礴。其色伴有尘云时多为黄褐色，不伴时多为乌黑灰暗的色泽。云底高度一般不太高，几百米以下，这种云状预示着强烈的地面风和低空风切变的来临。

③ 雷暴云体下垂的雨幡。与雷暴云体有关联的雨幡是下降气流、下冲气流乃至微下冲气流的有力征兆。雨幡的个体性状、颜色深浅、离地高度都和风切变的强度有关。通常雨幡下垂高度越低，个体性状越大，色泽越暗，预示着风切变越强，下冲气流的速度也越大。飞机飞行不能穿越雨幡。所以一旦见到雨幡就应重视，不仅要避免直接相遇而且要保持一定距离，因为其可视雨柱四周相当范围内（1～2km）可能存在强烈的风切变。

(2) 仪表判断法

一旦出现飞机遭遇风切变的情况，首先就会反映到仪表上来。如果飞行员看到飞行仪表有异常指示，并结合飞行员经培训和学习后所具有的风切变知识，就可较好地判断出风切变的存在、类型和强度，并确定风切变危害的严重程度。

① 空速表指示的非理性变化。这是飞行员所依据的最重要的飞行仪表之一，也是飞机遭遇风切变时反应最灵敏的仪表之一。一般情况下，飞机遭遇风切变后都会发生空速表在短时间内指示值改变很大的现象。所以一旦出现空速表偏离正常值即应警惕风切变危害。所有风切变飞行事故都证实空速表指示值的迅速改变确系风切变危害存在的重要特征。需要特别注意的是，速度改变，在穿越微下冲气流的情况下往往是先逆风使空速增加，紧接着就是顺风使空速迅速减小，而真正的危害发生在空速迅速下降的时刻。作为飞行员来说，不能被短时间的增速和"飞机往上拱"所迷惑。

② 高度表的不正常变化。正常下滑高度是飞行员进近着陆的重要数据。飞机遭遇风切变的高度越低，也就越危险。如果高度表在下滑过程中指示出现异常，发生急剧掉高度，使飞机大幅度偏于正常值时，必须立即采取相应措施，特别是要在决断高度以上做出决定，应该及时拉起。当然也应注意在遭遇微下冲气流时，会出现短暂的遇强逆风使飞机高于正常下滑高度的现象，因为紧接着就会发生危险的掉高度，必须要提高警醒。

③ 升降速度表波动。遭遇风切变时，升降速度表指示变化明显。如果见到升降速度表指示异常，特别是下降率骤然加大时，必须充分注意。如果发现在短时间内，升降速度表指示变化达到500ft/min（3m/s）时，即应认为遇到严重风切变而采取相应措施，立即拉升复飞。

④ 俯仰姿态指示器。遭遇风切变时，俯仰角指示将马上发生变化，变化越快越大则说明危害越大。俯仰角指示突然改变值超过5°时，即应认为遭遇强烈风切变，应停止进近而复飞。

第七节
航空气象资料分析和应用

一、地面天气图

地面天气图是天气分析和预报业务中最基本的天气图。图上除了填有地面的气温、露点、风向、风速、水平能见度和海平面气压等观测记录外，还填写有一部分高空气象要素的观测记录，如云和现在天气现象等。此外，还填有一些反映最近时间内气象要素变化趋势的记录，如3h变压，最近6h内出现过的天气现象等。地面图的作用在于分析地面天气系统的分布和历史演变，进而推断未来的天气变化。

地面图上的各类资料是按照国际规定的格式填写的。地面图上的填图格式有两类：一类是陆地测站的填图格式；另一类是船舶测站的填图格式。

二、卫星云图

1.卫星云图的种类

卫星云图（Satellite Cloud Imagery）是由气象卫星自上而下观测到的地球上的云层覆盖和地表面特征的图像。利用卫星云图可以识别不同的天气系统，确定它们的位置，估计其强度和发展趋势，为大气分析和天气预报提供依据。在海洋、沙漠、高原等缺少气象观测台站的地区，卫星云图所提供的资料，弥补了常规探测资料的不足，对提高预报准确率起了重要作用。

卫星云图可分为红外线云图和可见光卫星云图两类。

红外线云图是气象卫星上的扫描辐射计利用红外辐射通道感测并向地面站发送的云图，其亮度大致反映了云层顶的温度，因而也反映了云顶的高度。一般温度越低、高度越高的云层，图上的色调越白；反之，色调越黑。由于红外遥感可以昼夜感测并向地面站发送云图，并可分析高云和云顶温度，提供了可见光云图不能提供的大量信息，但红外线云图的分辨率低于可见光卫星云图。实际上可把两者结合起来使用，互相取长补短，从而获得广泛的应用。

可见光卫星云图利用云顶反射太阳光的原理制成，故仅能于白昼进行摄影。可见光卫星云图可显示云层覆盖的面和厚度，比较厚的云层反射能力强，在可见光卫星云图上，会显示出亮白色，云层较薄则显示暗灰色，还可与红外线卫星云图结合起来，做出更准确的分析。

可见光卫星云图是气象卫星上的扫描辐射计（早期用的是电视摄像机）用可见光通道感

测并向地面站发送的卫星云图，图上亮度明暗反映了云的反照率和强弱。可见光卫星云图在研究云团、云系等的移动和发展，以及在监测台风和其他天气系统的发生、发展及移动方面，均获得广泛应用，并取得较好成效。但由于云图是利用可见光波段所拍，其亮度和色调取决于云的性质和太阳高度角，同时夜间又拍不到，故受到一定的限制。

色调强化卫星云图也是属于红外线卫星云图的一种，其为对流云所设计，主要目的为突显对流现象。对流越强，云顶发展越高，云顶温度越低。

可见光卫星云图和红外线云图还同时提供了大量无云覆盖区的地面信息。可见光卫星云图可反映地表裸地、岩石、森林、作物、草场、湖泊等不同覆盖物的反射特性，而红外线云图则可反映地表和海洋表面的热力学温度。因此，云图也被广泛应用于社会经济活动的许多方面，如作物产量预报、森林火灾监测、海洋渔区的确定等。

2.卫星云图上云的识别

卫星云图上各类云的特征：

（1）卷状云

① 在可见光卫星云图上，卷云的反照率低，呈灰-深灰色；若可见光卫星云图上，卷云呈现白色，则其云层很厚，或与其他云相重叠。

② 在红外线云图上，卷云顶温度很低，呈白色。卷云在红外线图像上呈现得最清楚，最易辨认。

③ 无论是可见光卫星云图还是红外线云图上，卷云都有纤维结构。

④ 在水汽图上，卷云是白亮的。

（2）中云（高层云和高积云）

① 在卫星云图上，中云与天气系统相连，表现为大范围的带状、涡旋状、逗点状。

② 在可见光卫星云图上，中云呈灰白色到白色，可根据色调的差异判定云的厚度。

③ 在红外线云图上，中云呈中等程度灰色，介于高低云之间的色调。

（3）积雨云

① 在卫星图像上的积雨云常是几个雷暴单体的集合。

② 无论是可见光卫星云图还是红外线云图，积雨云的色调都最白。

③ 积雨云顶比较光滑，只有当出现强穿透性对流云时，才在可见光图像上显示出不均匀的纹理。

④ 当高空风小时，积雨云呈圆形；高空风大时，顶部常有卷云砧，表现为椭圆形。

⑤ 在可见光图像上，积雨云常有暗影。

⑥ 积雨云的尺度相差很大。一般初生的较小，成熟的较大。

（4）积云、浓积云

① 在气象卫星图像上的积云、浓积云实际上是积云群，这些积云群在地面观测中是不容易看到的，常表现为云带、积云线和开口细胞状结构；纹理为多皱纹、多起伏和不均匀。

② 在可见光卫星云图上，积云、浓积云的色调很白，但由于积云、浓积云高度不一，其纹理不均匀。

③ 在红外线云图上的色调从灰白到白色不等，边界不整齐，纹理不均匀（是由云区内对流云顶温度不一致引起的）。

（5）层云（雾）

① 在可见光卫星云图上，层云（雾）表现为光滑均匀的云区；色调从白到灰白，若云层厚度超过300m，其色调很白；层云（雾）边界整齐清楚，与山脉、河流、海岸线走向一致。

② 在红外线云图上，层云色调较暗，与地面色调相近。

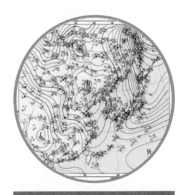

地面天气图

地面天气图是天气分析和预报业务中最基本的天气图。图上除地面气温、露点、风向、风速、水平能见度和海平面气压等观测记录外，还有高空气象要素的观测记录。

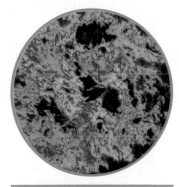

卫星云图

卫星云图是由气象卫星自上而下观测到的地球上的云层覆盖和地表面特征的图像。利用卫星云图可以识别不同的天气系统，确定它们的位置。

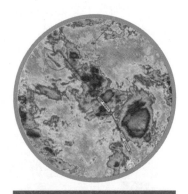

航路天气图等

航路天气预报是指自起飞机场到降落机场或目标区的整个航路地段的天气预报。它提供飞机在沿航线飞行过程中将会遭遇的天气及降落站的天气。

3.重要天气系统云系特性

天气系统通常指引起天气变化和分布的高压、低压和高压脊、低压槽等具有典型特征的大气运动系统。气象卫星观测资料表明，大大小小的天气系统相互交织、互相作用、在大气运动过程中演变着。

（1）气团

气团是指气象要素（主要指温度、湿度和大气静力稳定度）在水平分布上比较均匀的大范围空气团。其水平范围大、垂直范围大、水平温度梯度小、天气变化小。形成条件为：大范围性质比较均一的下垫面，有一个能使空气的物理性质在水平方向上均匀变化的环流场（也就是利于空气停滞或缓行的环流条件）。

（2）锋

锋是三度空间的天气系统。锋的宽度同气团宽度相比显得很狭窄，因而常把锋区看成一个几何面，称为锋面。锋面与地面的交线称为锋线，锋面和锋线统称为锋。凡伸到对流层中上层者，称为对流层锋；仅限于对流层低层（1.5km以下）者，称为近地面锋。冷暖气团间的过渡带，因锋两侧的温度、湿度、稳定度以及风、云、气压等气象要素有明显的差异，故可以把锋看成是大气中气象要素的不连续面。

（3）气旋与反气旋

气旋的中心气压低于四周的水平空气漩涡，在北半球空气从四周以逆时针方向向中心辐合，在南半球相反。

反气旋的中心气压高于四周的大型空气漩涡，在北半球空气以顺时针从中心向四周辐散，在南半球则相反。以最外一条闭合等压线为界，气旋为$10^2 \sim 10^3$km数量级；反气旋比气旋大得多，大的占据最大的大陆或海洋，小的则可能有数百千米。强度：用地面最大风速来度量。风速与水平气压梯度力成正比，中心气压值越低，气旋越强，反气旋越弱；中心气压值越高，反气旋越强，气旋越弱。

三、各种天气预报图

1.日常航空天气报告图

服务于飞行活动的专业气象预报，称为航空天气预报（Aviation Weather Forecast）。它比一般为公众服务的公益性天气预报在项目、时效和定量化等方面要求更高，通常包括云量、云状、云高、能见度、风、天气现象出现的时间及其变化，与飞行有关的飞机积冰、飞机颠簸、飞机尾迹等内容，特别注重分析预报中、小尺度天气系统以及地形、下垫面特征对局地天气的影响。

及时、准确的航空天气预报是顺利完成飞行任务、保障飞行安全的重要条件。无人机机组在起飞前也有必要了解和研究天气实况和天气预报，并据此制订飞行计划。只有这样才能在飞行过程中，针对可能遭遇的复杂天气情况进行及时、正确的处置，圆满完成飞行任务。

超短时、短时和短期天气预报的内容是根据飞行活动的要求而确定的，主要包括：

① 云：云量、云状、云高，必要时还应预报云顶高、云厚、云的层次等；

② 能见度：有效气象能见度和空中能见度；

③ 风：地面、飞行高度上及航线上的风向、风速、急流和垂直风切变的高度、位置和强度；

④ 天气现象：地面或空中的各种天气现象，如雷暴、降水、雾、沙尘暴等；

⑤ 气温：地面（跑道）气温、最高气温和最低气温；飞行高度上的气温及0℃层的高度。

此外，还包括对流层顶高度、飞机颠簸、飞机积冰、飞机尾迹等。

2.航路天气预报图

航路天气预报是指自起飞机场到降落机场或目标区的整个航路地段的天气预报。它提供飞机在沿航线飞行过程中将会遭遇的天气以及降落站的天气。为了适应国际交换的需要，把航路适当分为几个区域，预报高、中、低三层高度上的风向、风速、气温、云量、云状、云底和云顶高度、地面有效能见度、0℃层高度，以及湍流和飞机积冰强度及其上下限、厚度，有必要时应包括云的层次、空中能见度情况，对流层顶高度和气温，急流的位置、高度、强度、走向等。

航路天气预报与机场预报不同，必须考虑飞机与天气系统或移动性天气现象的相对运动，并做出天气系统与飞机相遇的时间和地点的预报。

航路天气预报一般采用航路天气预报表的形式发布。但当天气变化复杂时，还应附上航路天气剖面图。当航路很长时，需分段填报（除按任务要求分段外，主要依据航线上不同天气表现来确定）。

航路天气预报通常在起飞前1h由飞航站气象台向机组提供。有效时限根据航路飞行所需时间来确定。考虑到飞机可能因某种原因提前或推迟降落，故对降落航站的天气预报的有效时限提前或延后各1h。

第八节

服务设施

航空气象技术装备主要包括航空气象观（探）测设备、气象情报传递和终端设备、各类计算机以及一些特殊装备。气象卫星和气象雷达是现代重要的航空气象设备。气象卫星能提供可见光卫星云图、红外线云图、空中风场、高空急流位置和强度、气温和水汽的垂直分布等。通过对卫星资料的分析，可获得准确的国际航线大气风的预报，从而使远程航行的意外事故大为减少。气象雷达包括测风、测云、测雨等多种类型，其中测雨雷达是掌握对飞行安全威胁严重的强对流天气的有效工具。

航空气象厅为了提高航空航行的安全性和正规性、效率性，根据国际民间航空协定和世界气象机构技术规定、地区航空航行协定所规定标准和规划，执行航空气象服务业务。主要的服务内容有气象观测、气象预报、气象特报和气象信息服务系统。

第九节

国内气象获取途径

天气预报是根据气象观测资料，应用天气学、动力气象学、统计学的原理和方法，对某区域未来一定时段的天气状况做出定性或定量的预测。天气预报的发展可分为三个阶段：单站预报、天气图预报、数值天气预报。天气预报可分为天气形势预报和气象要素预报。天气形势预报即未来某时段内各种天气系统的生消、移动和强度的变化。气象要素预报即预报气温、风、云、降水和天气现象等在未来某时段的变化。其中天气形势预报是气象要素预报的基础。

获取天气的途径主要有：

① 民航机场预报。

② 军用气象台站。

③ 通过互联网查询气象信息，如中国气象网。

随着互联网的飞速发展，各种航空气象资料通过互联网进行传播也得到了广泛的应用，具有快速、彩色、高画质和动态等许多优点。

第五章

空中交通管制

第一节

概　念

在浩瀚无垠的天空，飞机就像车辆在地面行驶必须遵守交通规则、接受警察和红绿灯的指挥一样，其飞行也必须要遵守空中交通规则，也要受到专门机构的指挥与调度，这就是空中交通管制（Air Traffic Control）。

空中交通管制可以概述为：

① 利用通信、导航技术和监控等专业手段对飞机飞行活动进行监视、控制与指挥，从而保证飞机飞行安全，使飞机按照一定路线秩序飞行；

② 把飞行航线的空域划分为不同的管理空域，包括航路、飞行情报管理区、进近管理区、塔台管理区、等待空域管理区等，并按管理区的范围与情况选择使用不同的雷达设备对飞机进行管制；

③ 在管理空域内进行间隔划分，飞机间的水平和垂直方向间隔构成空中交通管理的基础；

④ 由导航设备、雷达系统、二次雷达、通信设备、地面控制中心组成空中交通管理系统，完成监视、识别、引导覆盖区域内的飞机，保证其正常安全地飞行。

第二节

管制部门

管制部门分为航路交通管制中心、进近管制室和机场管制塔台。

一、航路交通管制中心

航路交通管制也称区域管制，对所管制的飞机沿航路和在空域其他部分飞行时进行引导和监视。每一个区域管制中心均有一个明确的地理区域，它把所管辖的地理区域分为若干扇区。如果备有雷达设备，这一雷达须能探测整个扇区，并能监视扇区内飞机间的间隔。飞机机组和管制员之间使用无线电话联系。在标明本中心的管制区域界限的边界点上，飞机被交给相邻的航路交通管制中心或进近管制室。

二、进近管制室

进近管制是管制从机场管制塔台的边界至距离机场50～100km的范围，从航路交通管制中心把飞机接收过来，并将其引导到所管辖机场中的一个机场。在提供这样的引导时，要按顺序安排好飞机，使它们均匀和有秩序地飞往目的地。进近管制室把所管辖的区域也分为若干个扇区，以均分管制员的工作负担。当飞机飞向或飞离机场大约10km时，进近管制室将到达的飞机交给机场管制塔台，或机场管制塔台将飞离的飞机交给进近控制室。当进近管制设有雷达时，称为"航站雷达进近管制（TRACON）"。

三、机场管制塔台

对机场上和在机场区内所规定的空域内起飞和降落的飞机进行管制，向机组提供关于风、气温、气压等气象要素和机场上有关飞行的情报以及管制在地面上除停放场地外所有的飞机。

航路交通管制中心和进近管制室可以设在机场的航管楼内，也可以在机场外单建。机场管制塔台有的是独立建筑，有的是建在航管楼的顶层。小型机场一般将进近管制的任务并在机场管制塔台内，不单建进近管制室。机场管制塔台应布置在便于观看升降带飞机起飞和降落的地方，最好设在跑道中部附近，结合航站区的规划布置，并服从机场的总体规划。

第三节

空域知识

一、空域的概念

空域是航空器运行的环境，也是宝贵的国家资源。国务院、中央军委十分重视我国民用航空交通管制的建设工作，目前正在推进空域管理改革，预计划分三类空域，即管制空域、监视空域和报告空域。

低空开放后的中国空域划分

监视空域

报告空域

进近和塔台管制区

禁区和限制区

中国的 A 类空域和美国类似，属于高空管制空域，要求必须具有仪表飞行能力，需要 ATC 许可。C、D 类空域是基于机场的进近和塔台管制区，都需要 ATC 许可，不如美国 C、D 类那么自由。B 类空域则和美国 E 类空域类似，不同的是必须有 ATC 许可。

报告空域类似于美国的 G 类空域，非管制空域，不需要 ATC 许可，起飞前报告即可。监视空域则介于美国的 E、G 类空域之间，非管制空域，需要监视设备，不需要 ATC 许可。报告空域和监视空域虽然区域有限，但总比没有好，可以满足一定量的通航活动。

二、空域的分类

目前民用空域分为：飞行情报区、空中交通服务空域、禁航区、限制区和危险区。

飞行情报区：飞行情报区（Flight Information Region，FIR）又称飞航情报区、飞行信息区，是由国际民航组织（ICAO）所划定，区分各个国家或地区在该区的航管及航空情报服务的责任区，是为提供飞航情报服务和告警服务而划定范围的空域，主要是为民航提供飞行服务保障，当飞机发生事故时，便于展开搜寻及救援。飞行情报区与领空、领海主权无关。

我国划设了9个飞行情报区，即沈阳、北京、上海、武汉、广州、昆明、兰州、乌鲁木齐和三亚。

空中交通服务空域：是规定范围的区域，其内可进行特定种类的飞行，并为之规定了运行规则和空中交通服务，包括管制空域、非管制空域和特殊空域。

我国管制空域包括A/B/C/D四类空中交通服务空域。每一个空域都是一划定范围的三维空间，在其内，按照空域类别，对其提供仪表飞行规则和目视飞行规则飞行的管制服务。A类空域是高空管制空域，为6300m（含）以上空间。B类空域是中、低空管制空域，为6000m（含）以下至最低高度层以上空间。C类空域是进近管制空域。D类空域是塔台管制空域。

非管制空域是被指定为管制空域以外的空域。在此空域内不提供空中交通管制服务，但是航空器也要申报飞行计划和飞行动态。

特殊空域是为了满足政治、军事或科学实验需要，经国务院、中央军委批准，划定一定的空域，限制或禁止民用航空器进入。限制禁航空域也被称为限制和危险区。

第四节

空域运行要求

一、概况

目前我国民用遥控驾驶航空器系统使用空域分为融合空域和隔离空域。融合空域是指有其他载人航空器同时运行的空域。隔离空域是指专门分配给遥控驾驶航空器运行的空域，通过限制其他载人航空器的进入以规避碰撞风险。

二、申报飞行空域

申报飞行空域原则上与其他空域水平间隔不小于20km，垂直间隔不小于2000m。一般需提前7日提交申请并提交下列文件：

① 国籍标志和登记标志。
② 驾驶员相应的资质证书。
③ 飞行器性能数据和三视图。
④ 可靠的通信保障方案。
⑤ 特殊情况处置预案。

三、申报飞行计划

无论是在融合空域还是在隔离空域实施飞行都要预先申请，经过相应部门批准后方能执行。飞行计划申报应于北京时间前一日15时前向所使用空域的管制单位提交飞行计划申请并包含下列基本内容：

① 飞行单位、任务，预计开始飞行与结束时间。
② 驾驶员姓名、代号（呼号）。
③ 型别与架数。
④ 起飞、将落地和备降地。
⑤ 飞行气象条件。
⑥ 巡航速度、飞行高度和飞行范围。
⑦ 其他特殊保障需求。

四、紧急飞行计划的申报

执行紧急救护、抢险救灾或者其他紧急任务，飞行计划申请最迟应在飞行前一小时提出。

第五节

机场、起降场

机场是指在陆地上或水上的一个划定区域，全部或部分用于航空器起飞、降落、滑行、停放和地面活动，包括其中的一切建筑物、设施、设备。

起降场是指在陆地或水上的一个临时划定区域，用于航空器的临时起降，包括临时跑道和起降点及保障飞行的设施、设备等。

一、概念

机场基准点是表示机场地理位置的一个点，其地理坐标用经纬度表示，精确至秒，起降场也一样。

机场标高指着陆区最高点的标高。起降场为其中心点的最高点标高。

机场基准温度应为一年内最热月（指月平均温度最高时的那个月）的日最高温度的月平均值，至少取5年平均值。

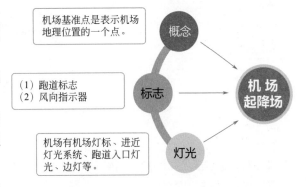

飞行区是机场内供航空器起飞、着陆、滑行和停放的区域，包括：跑道、升降带、跑道端安全区、停止道、净空道、滑行道、停机坪以及机场净空。起降场为整个起降场区域。

活动区是指机场内用于航空器起飞、着陆和滑行的部分，由跑道、滑行道和停机坪组成。

二、机场、起降场标志

1.跑道标志

基本的VFR跑道具有跑道号码和白色虚线形成的跑道中心线。起降场一般用T字布表示起飞、着陆方向。

2.风向指示器

最常见的就是风向袋，其次是T字布和四面体着陆标志。

三、机场灯光

机场有机场灯标、进近灯光系统、目视进近下滑道指示器系统、跑道入口灯光、跑道边灯、滑行道灯、飞行员控制机场灯光、障碍灯等。

第六章

无人机驾驶员起降阶段操纵技术

第一节

概　述

据不完全统计，无人机系统的事故有60%以上发生在起降阶段。作为无人机系统的机长或驾驶员，必须理解并熟练掌握无人机起降阶段的正常飞行程序和技术与应急飞行程序和技术，以保证系统的安全运行。

目前无人机技术不断发展，专业人员分工不断细化，仅就驾驶员来讲可分为两大类：通过地面站界面、控制台上的鼠标、按键、飞行摇杆操纵无人机的驾驶员称为飞行操作手（西方称为内部驾驶员）；通过专用的遥控器、外部控制盒操纵无人机的驾驶员称为起降操作手（西方称为外部操作手）。一般来讲，飞行操作手参与无人机起降阶段、巡航阶段操纵；起降操作手仅参与起降阶段操纵。

无人机地面控制舱

JL-6 型固定翼无人机

多数的无人机系统都有这两类驾驶员。少数的军用无人机系统飞行器及地面站上安装有完善的全向视频显示系统，在起降阶段飞行操作手使用飞行摇杆可以完全替代起降操作手的职能，这类无人机系统可以不设置起降操作手。但出于安全考虑，往往得增设起降观察员或起降引导员；部分民用无人机系统出于简便和成本原因，飞行操作手无飞行摇杆硬件，仅通过鼠标、键盘控制飞行。

起降阶段是无人机操纵中最难的控制阶段，起降控制程序应简单、可靠、操纵灵活，操纵人员可直接通过操纵杆、开关和按键快捷介入控制通道，控制无人机起降。由于无人机不同的类别及起飞重量，其起飞降落的操纵方式也有所不同。

当前国内的民用无人机系统的起降操纵，可采用自主控制、人工遥控或组合控制等模式进行控制。自主控制是指在起降阶段，操纵人员无须介入控制回路，无人机借助于机载传感器信息，或辅助必要的引导信息，由机载计算机执行程序控制，可自动完成无人机的起飞和回收控制；人工遥控是无人机驾驶员通过无线电数据链，利用地面站获取的无人机状态信息，发送无人机控制指令引导无人机发射和回收。

无人机的起飞（发射）、降落（回收）方式有很多种，控制模式也有许多种，本章以JL-6型轮式起降民用无人机为例介绍无人机起降操纵技术，主要以人工遥控模式为主。JL-6型无人机起降阶段采用姿态遥控或舵面遥控模式。

第二节

起飞前

一、了解无人机性能

在受到运营人指派负责一套无人机系统的运行后，机长或驾驶员所做的第一件事情就是了解并掌握本系统的关键性能，特别是飞行相关性能（以JL-6型无人机为例）。

1.目标无人机着陆性能

JL-6型无人机着陆性能

襟翼/发动机条件	接地速度/（km/h）	刹车/m	不刹车/m
不放襟翼/怠速	110	150	220
15°襟翼/怠速	95	120	160
40°襟翼/怠速	85	100	130
不放襟翼/灭车	110	140	210
15°襟翼/灭车	95	100	140
40°襟翼/灭车	85	70	100

2. 目标无人机飞行速度范围

JL-6型无人机飞行速度范围 km/h

高度	空载90kg	满载130kg
海平面	80 ～ 130	100 ～ 128
1000m	90 ～ 140	110 ～ 138
3000m	120 ～ 170	140 ～ 165

3. 目标无人机速度限制

JL-6型无人机速度限制 km/h

速度	限制
俯冲最大允许速度（海平面）	170
失速速度（海平面、空载）	70
失速速度（海平面、满载）	90
机动速度（不放襟翼）	110
机动速度（40°襟翼）	100
有利速度（海平面）	110

4. 目标无人机发动机性能

JL-6型无人机发动机性能

型别	工作状态	转速/（r/min）	节风门/%	连续工作时间
林巴赫L275-E	极限	7000	115	5min
	额定	6500	100	不限
	低空稳定怠速	2000	25	不限

5. 收放起落架对该机型飞行的影响

（1）收起落架

姿态遥控状态下，起落架收起后，全机阻力减小，速度会加快，应减小油门保持空速在合理范围。

舵面遥控状态下，起落架收起后，机头会轻微上仰，应保持好飞行状态，并轻推（松）升降舵调整。同时全机阻力减小，速度加快，应减小油门保持空速在合理范围。

（2）放起落架

姿态遥控状态下，起落架放下后，全机阻力增加，速度会减小，应增大油门保持空速在合理范围。

舵面遥控状态下，起落架放下后，机头会轻微下俯，应保持好飞行状态，并轻拉（收）升降舵调整。同时全机阻力增加，速度减小，应增大油门保持空速在合理范围。

6.收放襟翼对该机型飞行的影响

〔1〕收襟翼

姿态遥控状态下，襟翼收起后，全机阻力减小，速度会加快，注意观察即可。

舵面遥控状态下，襟翼收起后，机头会轻微下俯，应保持好飞行状态，并轻拉升降舵调整。同时全机阻力减小，速度会加快，注意观察即可。

〔2〕放襟翼

姿态遥控状态下，襟翼放下后，全机阻力增加，速度会减小，应增大油门保持空速在合理范围。特别是放40°襟翼，需要给油门以较大的增量。

舵面遥控状态下，襟翼放下后，机头会轻微上仰，应保持好飞行状态，并轻推升降舵调整。同时全机阻力增加，速度会减小，应增大油门保持空速在合理范围。特别是放40°襟翼，需要给油门以较大的增量。

7.节风门最小位置

起飞前飞行操作手和起降操作手调整好的最小节风门位置就是本次起落的最小极限位置，任何时刻都不能使地面站控制面板和外控制盒的节风门杆（旋钮）小于这个位置。

二、起飞前飞行器检查

本项及以下各项检查均为机长或驾驶员必须执行的检查。由于无人机系统的不同，部分检查需要由机务或专业地检人员执行，此处不作专门介绍。以下检查根据系统不同不分先后。

① 飞行器外观及对称性检查；

② 飞行器称重及重心检查；

③ 舵面结构及连接检查；

④ 起飞（发射）、降落（回收）装置检查；

⑤ 螺旋桨正反向及紧固检查。

三、起飞前控制站检查

① 控制站电源、天线等的连接检查；

② 控制站电源检查；

③ 控制站软件检查；

④ 卫星定位系统检查；

⑤ 预规划航线及航点检查。

四、起飞前通信链路检查

① 链路拉距或场强检查；

② 飞行摇杆舵面及节风门反馈检查；

③ 外部控制盒舵面及节风门反馈检查。

驾驶员起飞前检查飞行器螺距

第三节

动力装置检查与启动

① 发动机油量检查；

② 发动机油料管路检查；

③ 发动机外部松动检查；

④ 发动机启动后怠速转速、振动、稳定性检查；

⑤ 发动机大车转速、振动检查；

⑥ 发动机节风门、大小油针、控制缆（杆）检查；

⑦ 发动机节风门跟随性检查；

⑧ 微型无人机进行不同姿态发动机稳定性检查；

⑨ 电动机进行正反转检查；

⑩ 动力装置启动后与其他系统的干扰检查。

第四节

飞行基本动作

飞行摇杆是与有人机类似的常规操作方式，包括姿态遥控和舵面遥控功能。实际飞行中，飞行摇杆的舵面遥控功能极少使用。

外部控制器为与航模遥控器类似的方式，包括姿态遥控和舵面遥控功能。

一、地面滑行

地面滑行主要由起降操作手执行。

姿态遥控和舵面遥控的手法一致，主要通过左手左右控制方向舵摇杆操纵。

二、爬升

爬升主要由飞行操作手执行。各高度爬升均保持节风门在适当位置。

爬升时保持飞行状态的方法与平飞基本相同，其特点是：

① 根据地面站地平仪位置关系检查与保持俯仰状态。根据当时的飞行高度将俯仰角保持到理论值（如+2°），使用姿态遥控控制。如俯仰角高或低，应柔和地向前顶杆或向后带杆，保持好正常的关系位置。

② 大型、小型无人机爬升时，油门较大，螺旋桨扭转气流作用较强，左偏力矩较大，必须适当扭右舵，才能保持好飞行方向。

③ 爬升中，如速度变小太多应迅速减小俯仰角。

④ 长时间爬升，发动机温度容易高，要注意检查和调整。

三、定高平飞

平飞主要由飞行操作手执行。各高度平飞均保持节风门在适当位置（如45%）。

平飞时应根据界面上地平仪位置关系，判断无人机的俯仰状态和有无坡度；根据目标点方向，判断飞行方向；不断检查空速、高度和航向指示；同时观察发动机指示，了解发动机工作情况。

平飞时，作用在无人机上的各力和各力矩均应平衡。无人机的平衡经常受各种因素的影响而被破坏，使飞行状态发生变化。飞行中，应及时发现和不断修正偏差，才能保持好平飞。其主要方法是：

① 根据地平仪位置关系检查与保持俯仰状态。根据当时的飞行高度将俯仰角保持到理论值，使用姿态遥控控制。如俯仰角高或低，应柔和地向前顶杆或向后带杆，保持好正常的关系位置。

② 根据无人机标志在地平仪天线上是否有倾斜来判断无人机有无坡度。如有坡度，向影响无人机倾斜的方向适当压杆修正。无人机无坡度时，注意检查航向变化。如变化较大，应向反方向轻轻扭舵杆，不使无人机产生侧滑。

③ 根据目标点方向与飞行轨迹方向，检查与保持飞行方向。如无人机轨迹方向偏离目标点，应检查无人机有无坡度和侧滑，并随即修正。如果轨迹方向偏离目标5°以内，应柔和地向偏转的反方向适当扭舵杆，当轨迹方向对正目标点时回舵；如偏离目标超过5°，应协调地适当压杆扭舵，使无人机对正目标，然后改平坡度，保持好预定的方向。

④ 由于侧风影响，无人机会偏离目标。此时，应用改变航向的方法修正。

根据地面站及目视检查无人机高度变化

四、下降

下降主要由飞行操作手执行。各高度下降均保持节风门在适当位置（如15%）。

下降时保持飞行状态的方法与平飞基本相同，其特点是：

① 根据地平仪位置关系检查与保持俯仰状态。根据当时的飞行高度将俯仰角保持到理论值（如-13°），使用姿态遥控控制。如俯仰角高或低，应柔和地向前顶杆或向后带杆，保持好正常的关系位置。

② 大型、小型无人机下降时，由于收小油门后，螺旋桨扭转气流减弱，无人机有向右偏趋势，必须抵住左舵，以保持飞行方向。

③ 下降中，速度过大时，应适当增加带杆量，减小下滑角。

五、平飞、爬升、下降三种飞行状态的变换

（1）爬升转平飞

注视地平仪，柔和地松杆，然后收油门至45%。当地平仪的位置关系接近平飞时，保持，使无人机稳定在平飞状态。

如果要在预定高度上将无人机转为平飞，应在上升至该高度前20～10m，开始改平飞。

（2）平飞转下降

注视地平仪，稍顶杆，同时收油门至15%。当地平仪的位置关系接近下降时，保持，使无人机稳定在下降状态。

（3）下降转平飞

注视地平仪，柔和地加油门至45%，同时拉杆。当地平仪的位置关系接近平飞时，保持，使无人机稳定在平飞状态。

如果要在预定高度上将无人机转为平飞，应在下降至该高度前30～20m，开始改平飞。

（4）平飞转爬升

注视地平仪，柔和地加油门至100%，同时稍拉杆转为爬升。当机头接近预定状态时，保持，使无人机稳定在爬升状态。

平飞、爬升、下降转换时易产生的偏差：

① 没有及时检查地平仪位置关系，造成带坡度飞行。

② 动作粗鲁，操纵量大，造成飞行状态不稳定。

③ 平飞、爬升、下降三种飞行状态变换时，推杆、拉杆方向不正，干扰其他通道。

六、转弯

转弯时改变飞行方向的基本动作。转弯时，起着支配地位的，主要是无人机的坡度。坡度形成，无人机即进入转弯；改平坡度，转弯即停止。在一定条件下的转弯中，坡度增大，机头会下俯，速度随即增大；坡度减小则相反。因此，转弯的注意力主要应放在保持坡度上，这是做好转弯的关键。

多数无人机需要方向舵的参与进行协调转弯，可有效减小转弯半径并减少侧滑。个别需要执行对地正射任务的无人机必须进行无坡度转弯，此时向转弯方向压方向舵，副翼反打以保证坡度水平。

复合式共轴直升机在转弯时偏差较小

1.平飞转弯的操作方法

① 转弯前，观察地图，选好退出转弯的检查方向，根据转弯坡度的大小，加油门5%～10%，保持好平飞状态。

② 注视地平仪，协调地向转弯方向压杆扭舵，使无人机形成10°（以此为例）的坡度，接近10°时，稳杆，保持好坡度，

使无人机均匀稳定地转弯。

③ 转弯中，主要是保持好10°的坡度。如坡度大，应协调地适当回杆回舵；坡度小，则适当增加压杆扭舵量。

机头过高时，应向转弯一侧的斜前方适当推杆并稍扭舵；机头低时，则应适当增加向斜后方的拉杆量并稍回舵。

当转弯中同时出现两种以上偏差时，应首先修正坡度的偏差，接着修正其他偏差。

④ 转弯后段，注意检查目标方向，判断退出转弯的时机。

当无人机轨迹方向离目标方向10°～15°时，注视地平仪，根据接近目标方向的快慢，逐渐回杆。

爬升转弯和下降转弯的操纵方法与平飞转弯基本相同，其不同点是：

① 爬升转弯节风门为100%。转弯前，应保持好爬升状态；转弯中，注意稳住杆，防止机头上仰，保持好地平仪的位置关系；退出转弯后，保持好爬升状态。

② 下滑转弯节风门为15%。转弯中，应保持好下滑状态。

2.转弯时易产生的偏差

① 进入和退出转弯时，动作不协调，产生侧滑。

② 转弯中，未保持好机头与天地线的位置关系，以致速度增大或减小。

③ 转弯后段，未注意观察退出转弯的检查目标方向，以致退出方向不准确。

第五节

起落（五边）航线飞行

起落航线也叫五边航线，是由起飞、建立航线、着陆目测和着陆组成的。任何一次无人机飞行都离不开起飞和着陆，由于无人机的遥控飞行多用于应急情况下，因此着陆目测和着陆是练习的重点。起落航线飞行，时间短、动作多，各动作之间联系紧密，准确性要求高。因此，必须在模拟器上通过实物训练系统严格训练，严格要求，扎扎实实地训练好这一科目，为其他的飞行科目打下良好基础。

一、建立（应急）航线

建立（应急）航线时无人机操作手根据机场或应急着陆场位置，操纵无人机沿（应急）规划的航线飞行，并保持规定的高度、速度，以便准确地进行目测、着陆的飞行过程。

建立（应急）航线内容：

① 检查飞行平台、发动机、机上设备的故障状态、油量、电量。

② 决定着陆场或迫降场。

③ 决定控制方式。

④ 决定飞行操作手、起降操作手交接时机。

⑤ 决定起落架、襟翼收放时机。

⑥ 如果条件允许，第一时间飞回本场上空。

二、着陆目测

着陆目测时操作手根据当时的飞行高度以及无人机与降落地点的距离，进行目视判断，操纵无人机沿预定方向降落在预定的地点（通常为跑道中心）。准确的目测是使无人机在预定着陆点前后一定范围内接地。没有达到这一范围内就接地的，叫目测低；超过这一范围才接地的，叫目测高。

无人机的目测与有人机相比有两大不同：

① 有人机是从飞机观察着陆场，无人机是从着陆场观察飞机；

② 有人机驾驶员可自行观察仪表参考值，无人机起降操作手通过地面站人员通告仪表参考值。

着陆目测须重点决断着陆方向和三、四转弯位置。

水平能见度大于1000m，着陆目测由起降操作手决断，三转弯前无人机交给起降操作手控制；水平能见度小于1000m，着陆目测由飞行操作手决断，四转弯后无人机交给起降操作手控制。

1.三转弯

第三转弯的时机、角度、高度都会影响目测的准确性，因此，必须认真地做好第三转弯。

① 三转弯点安排到跑道外侧（即地面站的另一侧）。

② 三转弯点高度控制在100～150m。

③ 转弯前，注意观察第三、第四转弯之间有无高大障碍物遮蔽视线或通信，同时选择好第四转弯点，作为退出第三转弯的检查目标。

④ 判断进入三转弯时机时，应考虑第四边航线长短，航线和着陆标志线交叉与无人机纵轴和着陆标志线交叉造成的影响，并做必要的修正。

⑤ 三转弯中，应保持好飞行状态，适时检查空速、高度。转弯坡度为20°，速度为110km/h。

⑥ 退出转弯后，保持好平飞。平飞中应检查高度、速度；检查航迹是否对正预定的第四转弯点，该点距着陆点的距离是否适当；跑道上有无障碍物；观察无人机，判断下滑时机。

⑦ 当无人机与跑道延长线的夹角为30°～25°时，收油门至合适位置，推杆下滑，保持110km/h的速度。要特别注意高度，判断目测，控制好进入第四转弯的高度、位置，判断进入第四转弯的时机。

2.四转弯

① 当无人机与跑道延长线夹角为15°～10°时，进入四转弯。进入时的高度为80～100m，速度为110km/h，坡度通常为20°。确定进入四转弯的时机，应考虑到第四转弯的角度。如转弯角度大于90°，应适当提前；如小于70°，应适当延迟。

② 转弯中，注意无人机接近跑道延长线的快慢和转弯剩余角（跑道延长线与无人机纵轴的夹角）的减小是否相适应。转弯中应保持好飞行状态，适时地检查速度、高度，发现偏差及时修正。

第四转弯进入正常时，当转弯剩余角为25°～30°时，无人机应正好在跑道外侧边线上。如无人机接近跑道延长线较快，而转弯剩余角减小较慢时，表明进入已晚，应立即协调地增大坡度和转弯角速度；反之，则应适当减小坡度，调整转弯半径，以便退出转弯时能对正跑道。

③ 起降操作手做四转弯时，四转弯退出点位置为距着陆点200m，高度30m；飞行操作手做四转弯时，四转弯退出点位置为距着陆点500m，高度60m（以此为例）。

④ 退出第四转弯后，这时起降操作手在控制无人机，飞行操作手向起降操作手以2s一次的间隔报空速。起降操作手稍推杆，控制住俯仰对准下滑点（下滑点位于距着陆点50m的跑道中线上）。油门收至15%，速度保持在120km/h。

当下滑线正常时，应注意检查速度。如速度大，表明目测高，应适当收小油门；反之，则应适当加大油门修正。加、减油门时应及时用舵，使无人机不带坡度和侧滑，对正跑道下滑。

⑤ 下滑至高度10m，做好着陆准备：检查下滑速度，是否向预定的下滑点下滑，根据目测判断收怠速油门的时机；检查下滑方向，是否正对跑道；观察跑道上有无障碍物。

三、着陆

无人机从一定高度（一般定为10m，有人机为25m）下滑，并降落于地面直至滑跑停止的运动过程，叫着陆。着陆分为下滑、拉平、平飘接地和着陆滑跑四个阶段。

注意：姿态遥控下的拉平并不是将姿态保持到0°，而是将升降速度控制为0。

① 下滑至高度10m（应凭目力判断，根据无人机翼展估测），保持好下滑角，判断无人机的高度和接近地面的快慢，以便及时地开始拉平。

② 下滑至高度3m，开始拉平，根据无人机离地的高度、下沉的快慢和无人机状态，相应地柔和拉杆（姿态遥控为回杆再拉杆），使无人机随着高度的降低逐渐减小俯角，减小下降率，在0.5m高度上转入平飘。

③ 无人机转入平飘（不下沉也不飘起），应稳住杆，判明离地高度。根据无人机下沉快慢、俯仰角的大小和当时的高度相应地继续柔和拉杆。

平飘前段，速度较大，下沉较慢，拉杆量应小一些。平飘后段，速度较小，下沉较快，拉杆量应适当增大，随着无人机下沉相应地增大仰角，在0.2m高度上，拉成正常两点姿势。

平飘过程中，仍应根据无人机与地面的相对运动，检查与保持好飞行方向，并使无人机不带坡度和产生侧滑。

④ 无人机在0.2m的高度上呈两点接地姿势后，应随着无人机的下沉，继续柔和地拉杆，保持住两点姿势，使主轮轻轻地接地（主轮接地时无人机速度控制在80～90km/h，从拉平到主轮接地是一个空速逐渐从110km/h减到80km/h的过程）。接地瞬间，由于地面对主轮的反作用力和摩擦力对无人机重心形成下俯力矩，因此，必须稳住杆，才能保持接地时两点姿势不变。

⑤ 无人机确实两点滑跑后，应稳住杆保持两点姿势，控制方向舵保持滑跑方向。

奥运安保无人机着陆前进入悬停姿态

起降操作手报接地信息。随着速度的减小，机头自然下俯，待前轮接地后，将升降舵推过中立位置。

⑥ 着陆滑跑后段，稳住方向舵并做微量修正，保证无人机沿中线滑行，在速度小于40km/h后刹车。

第六节

起落航线重点动作的分析

一、目测

逆风着陆时，由于风的影响，第三转弯后，无人机逐渐远离着陆点；第四转弯后，下滑距离和平飘距离缩短，风速愈大，影响愈大。顺风着陆时，则相反。因此，逆风较大时，目测容易低（即提前接地）；顺风着陆时，目测容易高（即推迟接地）。

气温较高时，跑道上空上升气流明显，会使下滑距离和平飘距离增大。气温降低时则相反。因此，气温增高时目测容易高，气温降低时目测容易低。

下滑方向虽不能直接影响目测的准确性，但是当下滑方向偏差较大时，就会分散操纵手的精力。此外，修正方向偏差时，也容易带来下滑点、下滑速度的变化，从而造成判断和修正目测的困难。

从以上分析可知，影响目测的因素是多方面的。其中气象条件是客观存在的，其他条件都可以通过操作手的主观努力去适应。因此，做目测时，必须根据当时的气象条件，控制好第四转弯点的位置和高度；保持好预定的下滑点、下滑速度和下滑方向；准确使用油门，才能使无人机沿预定的下滑线降落于预定的地点。

1.第四转弯前判断与修正目测的方法

第三转弯后至第四转弯前的飞行中，主要根据无人机能否对正预定的第四转弯点、保持预定的高度来判断与修正目测。第四转弯点的位置是由第三转弯的时机和角度决定的。第四转弯高度是由下滑时机和动作决定的。

第三转弯后，如高度正常而航迹未对正预定的第四转弯点，靠近或远离着陆点时，表明目测高或目测低，应向航线外侧或内测转一个角度进行修正。转弯的角度，一般不应超过20°，并应注意其对第四转弯进入时机的影响。

第三转弯后，如无人机的航迹正常，而高度高于150m或低于100m时，转入下滑的时机应提前或延迟。下滑中，如估计到第四转弯时的高度将高于预定的高度时，应及时地收小油门，必要时可收至20%，增大下滑角；反之，则应适当地加大油门，减小下滑角，必要时可转为平飞进行修正。待接近预定高度时，再转为正常下滑。

飞行中气象条件是经常变化的，因此，做目测时，第三转弯的时机和转弯角度要根据当时的气象情况做必要的调整，转弯后，还要经常检查航迹和飞行高度，发现偏差及时修正。

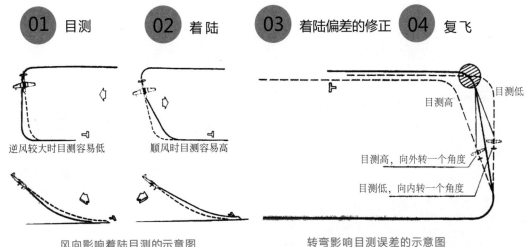

风向影响着陆目测的示意图　　　转弯影响目测误差的示意图

2.第四转弯后判断与修正目测的方法

正确修正：如发现目测稍高或稍低，一般不改变下滑点位置，应适当地收小或加大油门，保持好与当时气象条件相适应的下滑速度，飞向预定下滑点。

目测过低时，应在加大油门的同时适当增加带杆量（姿态遥控为回杆量），减小下滑角（必要时可平飞一段时间），当接近正常下滑线时，再重新对好下滑点，适当收小油门，保持好下滑角和相应的速度，对准预定下滑点下滑。目测过高时，修正方法相反。

修正目测加、收油门的量，主要根据偏差的大小和当时的气象条件来决定。偏差大，加、收油门量相应大一些；反之，则小一些。风速较大或气温低时，如目测低，加油门量相应大些；如目测高，收油门量则不应多。风速小或气温高时则相反。

开始收油门的时机和收油门动作的快慢以及收怠速油门的时机，应根据当时无人机的实际下滑点和预定下滑点是否一致来确定。收油门的动作应柔和均匀，通常在转入平飘时，将油门收完。

但在下列情况下，收油门的时机应适当延迟，收油门的动作应适当减慢（主轮接地前应收完）：实际下滑点在预定下滑点后面；当时的高度低于预定高度；速度小、下沉快；逆风较大。若实际下滑点在预定下滑点前面，则相反。

3.下滑方向的判断与修正

四转弯后下滑方向的好坏，不仅影响无人机的着陆方向、着陆动作，而且会影响到目测的判断与修正。

假设起降操作手的站位位于内侧跑道边缘线上，野外起降点跑道宽度为12m，无人机翼展为6m。

首先，应判断无人机是否在跑道中线延长线上。如果无人机下滑过程中近侧翼尖距离内侧跑道边缘线的距离始终接近半翼展，则接近跑道中线。

其次，检查无人机纵轴是否与着陆方向一致。如无人机偏出跑道中线延长线较大，应先压杆压舵操纵无人机飞向跑道中线，待无人机接近跑道中线时，再根据当时交叉角的大小，适当提前压杆压舵，使无人机纵轴与中心线重合。如无人机在跑道中线延长线上，只是纵轴与中心线略有交叉，应柔和压舵修正，使无人机纵轴与着陆方向一致。在0.5m以下低空修正方向时，仅使用方向舵，防止坡度过大，翼尖擦地。

注意：

① 下滑至高度3m，仍未进入跑道或目测过高、过低时，应果断复飞。

② 禁止用改变无人机接地姿势的方法，延长或缩短平飘距离来修正目测偏差。

二、着陆

着陆是起落航线飞行的重要一环。要做好着陆，就应当正确地观察地面关系、掌握好收油门动作和准确地把无人机拉平。

初级学员必须在教官指导下飞行

① 正确地观察地面关系是做好着陆的基础。

着陆时，无人机高度、速度、状态、下降率等随时都在变化。只有正确地观察地面关系，才能判明这些变化的情况，相应地操纵杆舵，做好着陆。

观察地面关系的目的是判断高度、下沉情况、飞行状态和运动的方向，同时了解速度和目测的情况，以便准确地操纵无人机着陆。但着陆的各个阶段的注意力应各有侧重。下滑至高度10m，侧重判断无人机离地的高度和接近地面的快慢，确定开始拉平的时机。拉平过程中，侧重注意高度的降低和下降率的减小是否相适应。平飘时，侧重注意无人机离地的高度和下沉情况，后段还要适当注意无人机俯仰姿态。在有侧重的同时，照顾到其他。当然，这种侧重不是一成不变的。例如，拉平前飞行方向与跑道有交叉，则应在判断开始拉平时机的同时，还要修正好方向，以便既不延误开始拉平的时机，又能修正好方向的偏差，从而做好着陆。

初学飞行时，每次着陆都要按照规定的时机，观察地面关系，切忌乱变。只有这样，才能形成正确反射。要求深刻理解观察地面关系的意义，熟练掌握判断方法，起降操作手站姿端正，应将外部控制盒放于腰部高度，不要抱于胸前。

② 掌握好收油门的动作是做好着陆的重要条件。

掌握好收油门的动作，既是为了准确地做好目测，也是为了逐渐减小飞行速度，配合拉平动作，使无人机以正常的速度和状态转为平飘。收油门过早、过粗，速度减小快，使拉平时的速度小，无人机下沉快，容易拉平低或者进入平飘时仰角较大；反之，容易拉平高、拉飘或者平飘仰角较小，均不利于正常着陆。着陆收油门动作的基本要领是：适时、柔和而均匀。

根据飞行体会，应做到：

a.在目测正常的情况下，收油门时机不要晚。早一些比较主动，可以慢慢收，也可停一停再收。收晚了势必造成动作粗鲁，影响着陆动作，否则就容易目测高。

b.收油门的过程要拉长一些，拉长了可以使动作柔和、速度减小均匀，有利于做好着陆工作。

c.收完油门的时机要准确，保证无人机以正常速度和状态转入平飘。目测正常时，通常是在结束拉平时收完油门。

③ 准确地把无人机拉平是做好着陆的关键。

实践证明，掌握了拉平动作以后，整个着陆就比较容易学会，同时，对保证飞行安全也极为重要。

开始拉平的时机和拉杆（姿态遥控为回杆再拉杆）动作的快慢与分量直接影响正常拉平轨迹和无人机转入平飘的高度。

开始拉平的时机是根据当时无人机俯角的大小和下降的快慢而定的。无人机以正常的下滑角下滑时，下滑至高度3m应开始拉平，使无人机随着高度的降低，逐渐减小下滑角，在0.5m的高度上平飘。如果拉平前无人机的俯角大、下降快，那么仍按正常的时机和动作拉杆，就必然拉平低，所以开始拉平的时机稍早一些；反之，开始拉平的时机应稍晚一些。

拉平过程中，拉杆的快慢和分量必须与当时的离地高度、下降快慢和飞行状态相适应。下降快，拉杆也应快一些；反之，则慢一些。如果高度高于0.5m较多，无人机就要转入平飘，即应暂停拉杆；反之，若即将接近0.5m高度，无人机下降仍较快，则适当多拉一点，目的都是使无人机下降至0.5m高度时转为平飘。总之，正确的拉杆动作，必须按照实际情况，主动地、有预见性地、机动灵活地去操纵无人机，这样才能做好着陆。

三、着陆偏差的修正

在掌握着陆技术的过程中，错误、偏差是难免的。为了掌握着陆技术、保证安全，必须了解产生偏差的原因，熟练地掌握着陆偏差的修正方法。

1.产生着陆偏差的主要原因

① 精神过分紧张，对着陆存在顾虑，因而注意力分配不当，操纵动作犹豫不适量。

② 着陆条件不好。例如，目测高容易拉平高；目测低、速度小容易拉平低或跳跃；油门没有收完、速度大容易拉平高或拉飘；下滑方向不好，易分散看地面的精力，造成着陆偏差。

③ 转移视线看地面的时机、角度、距离不固定、不正确。

④ 其他如机械拉杆、粗猛拉杆都会造成着陆偏差。

2.修正方法

出现着陆偏差时，必须看好地面，判明离地高度、下沉快慢、无人机状态，遵守操纵规则，再沉着果断地修正。

〔1〕修正拉平高的方法

无人机结束拉平时的高度高于0.5m，叫拉平高。修正方法是：

① 拉平过程中，发现有拉高的趋势，应停止拉杆或减小拉杆量，让无人机下沉。然后，根据无人机离地的高度、下沉的快慢和俯仰状态，柔和均匀地拉杆，使无人机在0.5m高度上转为平飘。

② 拉平高时，如果无人机随即下沉，应稳住杆，待无人机下沉到0.5m，再柔和拉杆，做正常着陆；如果无人机不下沉，应稍松杆（注意收完油门），使无人机缓慢下沉到0.5m时，做正常着陆。

③ 拉平高度在3m以上，又未能及时修正，应进行复飞。

〔2〕修正拉平低的方法

无人机结束拉平时的高度低于0.5m，叫拉平低。修正方法是：

① 拉平过程中，发现有拉平低的趋势时，应适当地增大拉杆量，使无人机在0.5m高度转入平飘。由于拉杆动作较快、量较大，无人机在刚转入平飘时可能向上飘起，应注意防止和及时修正。

② 拉平低，但高度在0.3m以上时，可按正常方法着陆。如果高度在0.3m以下，应特别注意准确地判断高度和无人机下沉情况。当无人机有下沉趋势时，在不使无人机飘起的情况下，及时适量地拉杆增大仰角，使无人机以正常两点姿势接地。

③ 如果无人机下沉较快，以较小的两点姿势接地时，应注意稍拉住杆，保持住两点姿势，防止前轮撞地。但也要防止接地时拉杆过多跳跃。

④ 如结束拉平过低而速度较大，应适当地多拉一点杆，避免三点接地。如果已经三点接地，应及时稳住杆，避免无人机跳起。

〔3〕修正拉飘的方法

在拉平或平飘过程中无人机向上飘起的现象叫拉飘。修正方法是：

① 发现拉飘时，应立即柔和推杆或松杆制止无人机继续上飘。

② 制止无人机上飘后，应迅速判明高度。0.5m以下且仰角不大时，应稳住杆，待无人机下沉，再柔和拉杆，做正常着陆；0.5m以上或仰角较大时，应柔和推杆或松杆减小仰角，使无人机缓慢下沉，然后做正常着陆。

〔4〕修正跳跃的方法

无人机接地后跳离地面的现象，叫跳跃。修正方法是：

① 无人机跳离地面时，应稳住杆，迅速判明离地的高度和无人机状态。

② 如果无人机跳跃没有超过0.5m，且仰角不大时，应轻拉住杆。待无人机下沉时，做正常着陆。

③ 跳离地面的高度有超过0.5m的趋势或仰角较大时，应立即适当地推杆或松杆，不使无人机跳起过高或仰角过大。当无人机下沉时，柔和拉杆，做正常着陆。

④ 如因修正侧风不当带偏流接地并跳跃时，除按跳跃处理外，还应向偏流的反方向（即侧风方向）适当压坡度，并轻打反舵，避免重新带偏流接地。

四、复飞

当着陆条件不具备时，不应勉强着陆，应果断地进行复飞。

在下列情况下应复飞：

① 飞行指挥员命令复飞时；

② 跑道上有飞机或其他障碍物影响着陆安全时；

③ 高度低于3m还未进入跑道或目测过高、过低，未做好着陆准备时；

④ 着陆航向偏差较大，且未及时修正时；

⑤ 其他情况认为必要时。

复飞的操纵方法：

① 决定复飞后，及时柔和地加满油门，保持好方向，同时柔和拉杆使无人机逐渐转入爬升，保持好爬升状态；

② 低高度复飞时，在加油门的同时应观察好前方地面（高度2m以下，无人机下沉时，还应继续做着陆动作），待加满油门无人机转入爬升后，再将注意力转移至远方；

③ 复飞后，在40°襟翼、起落架放下的情况下，节风门保持100%；

④ 如需收襟翼时，因升力系数下降，无人机要下沉，应适当地拉杆，以免无人机下降高度过多。

第七节

侧风、大逆风、顺风起落航线飞行

在侧风、大逆风、顺风条件下进行起落航线飞行与在一般逆风条件下进行起落航线飞行相比较，有相同点，也有不同点。只有注意了特殊点，才能在不同的条件下正确地进行起落航线飞行。

一、侧风起落航线

在航线飞行中，无人机因受侧风的影响产生偏流和改变地速，从而偏离预定的航迹。因此，第三转弯后，应使无人机航迹对正预定的第四转弯点。如无人机处于顺侧风时，地速增大，收油门下滑和进入第四转弯的时机均应适当提前，或适当增大第四转弯的坡度；如无人机处于逆侧风时，则相反。退出第四转弯后，应使无人机对正跑道中线。侧风较大时，也可将无人机位置稍靠近侧风方向的一侧。

下滑及着陆时修正侧风影响的方法有以下两种。

1. 用侧滑的方法修正

退出第四转弯后，应根据无人机偏离跑道的情况，判明偏流的方向及影响的大小，及时适量地向侧风方向压杆形成坡度，并蹬反舵制止无人机转弯，使无人机纵轴与着陆标志线平行。当侧滑角与偏流角相适应时，无人机即对正跑道中线下滑。

下滑中由于各高度上的风向、风速不可能一致，因此，应经常检查下滑方向，及时改变修正量，始终对正跑道中线下滑。在用侧滑修正时，下降率增大，目测容易低，应适当加油门修正（消除侧滑后，应适当收小油门，防止目测高）。着陆时，应根据侧风影响的大小，在拉平中或即将接地时改平坡度，并适当地回舵，使无人机以两点姿势平稳接地。接地后，应及时向侧风反方向压舵，保持好滑跑方向。

2. 用侧滑与改变航向相结合的方法修正

修正侧风较大时，可用侧滑与改变航向相结合的方法修正。

采用这个方法时，退出第四转弯的时机应根据风向适当提前或延迟（左转航线飞行时，跑道右侧风前提，跑道左侧风延迟），以便退出第四转弯后，机头对向侧风方向的跑道附近，形成一个航向修正角进行下滑。然后向侧风方向适当压杆并压反舵制止无人机转弯，形成一个侧滑角。当航向角和侧滑角与偏流角适应时，无人机即沿着跑道中线的延长线下滑。若无人机还有偏离跑道中线的现象，应适当增减侧滑角或航向角，直到无人机不再偏离跑道中线时为止。无人机即将接地时，将坡度改平，接地后，及时向侧风的方向适当压舵，使无人机纵轴与跑道平行，保持好滑跑方向。

二、大逆风起落航线

① 第三转弯时机应适当提前，以便第四转弯点距离降落点比正常略近一些。第三转弯后，适当延迟下滑时机，进入第四转弯的高度应比正常风速时略高。

② 第四转弯后，地速减小，下滑角增大，下滑点应适当前移，并及时加大油门保持相应的速度下滑。大逆风飞行时，目测容易低。当速度小时，要适当多加些油门，速度稍大时，收油门量不宜过多。

③ 下滑速度较大，舵面效用较强。因此，要认真看好地面，开始拉平的时机应比正常稍晚，拉杆动作应柔和，防止拉平高。

④ 拉平后，速度减小较快，平飘距离缩短。因此，收完油门的时机不要提前，收油门动作更应柔和均匀，以免平飘中无人机下沉过快。

⑤ 平飘前段，速度较大，无人机下沉较慢，拉杆的动作应柔和，防止拉飘。速度减小到一定程度时，无人机下沉较快，应根据无人机接近地面的快慢及时适量地拉杆。

⑥ 平飘中，如果气流不稳，无人机可能产生突然飘起、突然下沉、突然偏转等现象。此时，必须审时度势，沉着地进行修正。

⑦ 着陆后，速度减小快，刹车不要太早。

三、顺风起落航线

① 进入第三转弯的时机应适当延迟，转弯的角度应适当减小，使第四转弯点距着陆点的距离适当远一些。进入第四转弯的高度应比正常稍低，因此，收油门下滑和进入时机应适当提前。

② 第四转弯后，地速增大，下滑角减小。因此，下滑点应适当后移，下滑速度比正常小一些。调整下滑速度时，加油门量应注意不要多，收油门的时机适当提前。

③ 下滑速度较小，舵面效用较弱。因此，在拉平过程中，拉杆动作应及时、适量，防止拉平低。

④ 由于地速较大，平飘距离较长，在平飘过程中，应特别注意判断无人机下沉的快慢，柔和及时拉杆，防止拉飘和跳跃。

⑤ 在着陆滑跑过程中，应及时刹车，以免滑跑距离过长。应注意避开机场边的障碍物，避免与障碍物相撞。

第八节

着陆后检查

飞行器外观检查；燃油动力飞行器需要称重检查；各系统电量检查；下载飞行参数并检查。

第九节

飞行任务完成后要做的工作

检讨飞行执行过程；填写飞行日志或记录本。

第十节

起降阶段操纵技术训练小时数

以轻型无人机教练模拟器及实物训练系统为例。

一、机长起降阶段操纵技术训练小时数

① 在模拟器实施系统检查程序，不少于1h；在实物训练系统实施系统检查程序，不少于3h。

② 在模拟器实施正常飞行程序指挥，不少于3h；在实物训练系统实施正常飞行程序指挥，不少于10h。

③ 在模拟器实施应急飞行程序指挥，包括规避航空器、发动机故障、链路丢失、应急回收、迫降等，不少于3h；在实物训练系统实施应急飞行程序指挥，包括规避航空器、发动机故障、链路丢失、应急回收、迫降等，不少于10h。

二、驾驶员起降阶段操纵技术训练小时数

① 在模拟器实施飞行前检查，不少于1h；在实物训练系统实施飞行前检查，不少于3h。

② 在模拟器实施正常飞行程序操作，不少于3h；在实物训练系统实施正常飞行程序操作，不少于10h。

③ 在模拟器实施应急飞行程序操作，包括发动机故障、链路丢失、应急回收、迫降等，不少于3h；在实物训练系统实施应急飞行程序操作，包括发动机故障、链路丢失、应急回收、迫降等，不少于10h。

第七章

无人机驾驶员巡航阶段操纵技术及相关知识

第一节

地图坐标系

地图坐标系的基本知识关系到无人机航图使用。现有主要坐标体系包括全球坐标系、国家坐标系和地方坐标系三类。

1.全球坐标系（WGS-84坐标系）

WGS-84坐标系是美国国防部研制确定的大地坐标系，是一种协议地球坐标系，采用的是地心坐标系。

WGS-84坐标系的定义是：原点是地球的质心，其地心空间直角坐标系的Z轴指向BIH（国际时间）（1984.0）定义的地球极（CTP）方向，即国际协议原点CIO，它由IAU和IUGG共同推荐。X轴指向BIH定义的零度子午面和CTP赤道的交点，Y轴和Z、X轴构成右手坐标系。WGS-84椭球采用国际大地测量与地球物理联合会第17届大会测量常数推荐值，采用的两个常用基本几何参数为：长半轴a=6378137m；扁率f=1/298.257223563。

建立WGS-84坐标系的一个重要目的，是在世界上建立一个统一的地心坐标系。GPS的广播星历就是参照的WGS-84坐标系，所以该坐标系常用于GPS应用系统。

2.国家坐标系

国家坐标系包括北京54和西安80两种坐标系。

北京54坐标系是指1954年我国在北京设立了大地坐标原点，采用克拉索夫斯基椭球

坐标飞行是无人机超视距飞行的基础

体，依此计算出来各大地控制点的坐标，其实质上是以原苏联普尔科沃为原点的1942年坐标系的延伸。西安80坐标系是采用国际地理联合会（IGU）第十六届大会推荐的椭球参数，大地坐标原点在陕西省泾阳县永乐镇，又称西安坐标系。

3.地方坐标系

地方坐标系是指各地根据测量工作的需要自行设计的坐标系，如北京有北京地方坐标系，上海有上海地方坐标系。

三类坐标系间的差异体现在参考的地球椭球体、坐标原点和基准方向不一样。

由于WGS-84、北京54、西安80坐标系的参数是公开的，因此在各大GIS软件平台上可以进行相互之间的转换。而各地地方坐标系与WGS-84、北京54、西安80坐标系之间的转换，由于所采用的椭球体基准不一样以及投影的局限性，全国各地并不存在一致的转换参数。对于这种转换，由于量较大，有条件的话，一般都采用GPS联测已知点，应用GPS软件自动完成坐标的转换。当然若条件不许可，且有足够的重合点，也可以进行人工解算。

第二节

GPS导航方法

一、介绍

卫星导航是通过不断对目标物体进行定位从而实现导航功能的。目前，全球范围内有影响的卫星定位系统有美国的GPS、欧洲的伽利略、俄罗斯的格洛纳斯及我国的北斗。这里主要介绍现阶段应用较为广泛的GPS全球卫星定位系统导航。

GPS是英文Global Positioning System（全球定位系统）的简称，其利用GPS定位卫星，在全球范围内实时进行定位、导航。GPS导航系统的基本原理是测量出已知位置的卫星到用户接收机之间的距离，然后综合多颗卫星的数据就可知道接收机的具体位置。

二、GPS功能

GPS操作使用一个空间卫星群，将这些卫星作为基准点进行广泛搜索以及三角测量。接收机使用的数据至少由四个高于模糊角（可以使用卫星的高于天地线的最低角）的卫星来提供。

飞机在仪表飞行规则（IFR）下使用GPS导航设备来引导飞行航路时，必须根据飞行情况配备已经经过批准的可操作的备用导航方法。从航路到目的地机场以及任何一个所要求的备用机场，飞行过程中须安装必要的电子设备来接收所有来自地面设备的信息并保证这些设备的可操作性，还要保证用于航路的必要的地面设备的可操作性。

三、使用GPS导航飞行

必须根据官方批准的POH/AFM（飞行员操作手册/飞机飞行手册）或者飞行手册附件

来进行GPS操作。飞行人员必须全面熟悉飞机上安装的特殊的GPS设备、接收机操作手册、POH/AFM（飞行员操作手册/飞机飞行手册）和飞行手册附件。

当GPS接收机开机时，其内部首先自检测，通过后即开始工作。当接收机工作后，即可根据规定的通信协议，向外输出载体的经纬度、速度、高程等信息，这些数据是无人机进行导航与制导的必要参数。飞控计算机要参考飞机当前的经纬度以及下一个航路点的经纬度，通过制导算法实现两个航路点之间的航线指引。飞行员可以了解飞机在地面上的实际航迹。只要飞机的航线与到航路点的方位相匹配（通过选择正确的飞机航向），飞机会直飞到航路点。GPS是一个复杂的系统，两种不同型号的GPS接收机差别较大。

四、GPS误差

通常GPS操作过程中需要30颗卫星，GPS的卫星阵可以在全世界范围内连续使用。如果使用的卫星数量少于24颗，在某些地理区域，GPS的导航能力可能不可用。被高地形包围的山谷区域可能会失去信号，并且飞机的GPS天线随时会被飞机结构所"屏蔽"（如当飞机在压坡度时）。

某些无线电接收机、收发机，可能会造成信号冲突。一些VHF的发射可能会造成"谐波冲突"。当发现GPS接收机信号质量下降时，飞行员可以通过重新部署GPS周围的无线收发设备来隔离冲突，改变频率或者关掉造成冲突的可疑仪器。

GPS位置数据可能会受到设备性质以及多种地理因素的影响，可能会造成误差，通常少于100ft。卫星原子钟、接收机/处理器、信号被延迟、电离层和对流层延迟，以及卫星数据发射误差等都会造成小的位置差错或者瞬间失去GPS信号。

无人机飞行前必须对坐标进行校准

五、差分GPS

单GPS系统提供的定位精度是优于25m，而为了得到更高的定位精度，通常采用差分GPS技术，将一台GPS接收机安置在基准站上进行观测。根据基准站已知精密坐标，计算出基准站到卫星的距离改正数，并由基准站实时将这一数据发送出去。用户接收机在进行GPS观测的同时，也接收到基准站发出的改正数，并对其定位结果进行改正，从而提高定位精度。

根据差分GPS基准站发送的信息方式可将差分GPS定位分为三类，即位置差分、伪距差分和相位差分。

这三类差分方式的工作原理是相同的，即都是由基准站发送修正数，由用户站接收并对其测量结果进行改正，以获得精确的定位结果。所不同的是，发送修正数的具体内容不一样，其差分定位精度也不同。

第三节

惯性导航方法

一、介绍

惯性导航系统（INS）可以精确导航，不需要从飞机外进行任何输入，完全是自主式的。

二、INS构成与分类

惯性导航，利用惯性元件（加速度计）来测量运载体本身的加速度，经过积分运算得到速度和位置，从而达到对云载体导航定位的目的。组成惯性导航系统的设备都安装在云载体内，工作时不依赖外界信息，也不向外界辐射能量，不易受到干扰，是一种自主式导航系统。

按照惯性导航组合在飞行器上的安装方式，可分为平台式惯性导航系统（惯性导航组合安装在惯性平台的台体上）和捷联式惯性导航系统（惯性导航组合直接安装在飞行器上）。

1.平台式惯性导航系统

根据建立的坐标系不同，又分为空间稳定和本地水平两种方式。空间稳定平台式惯性导航系统的台体相对惯性空间稳定，用以建立惯性坐标系。地球自转、重力加速度等影响由计算机加以补偿。这种系统多用于运载火箭的主动段和一些航天器上。本地水平平台式惯性导航系统的特点是台体上的两个加速度计输入轴所构成的基准平面能够始终跟踪飞行器所在点的水平面（利用加速度计与陀螺仪组成舒拉回路来保证），因此加速度计不受重力加速度的影响。这种系统多用于沿地球表面做等速运动的飞行器（如飞机、巡航导弹等）。在平台式惯性导航系统中，框架能隔离飞行器的角振动，仪表工作条件较好。平台能直接建立导航坐标系，计算量小，容易补偿和修正仪表的输出，但结构复杂，尺寸大。

2.捷联式惯性导航系统

根据所用陀螺仪的不同，分为速率型捷联式惯性导航系统和位置型捷联式惯性导航系统。前者用速率陀螺仪，输出瞬时平均角速度矢量信号；后者用自由陀螺仪，输出角位移信号。捷联式惯性导航系统省去了平台，所以结构简单、体积小、维护方便，但陀螺仪和加速度计直接装在飞行器上，工作条件不佳，会降低仪表的精度。这种系统的加速度计输出的是机体坐标系的加速度分量，需要经计算机转换成导航坐标系的加速度分量，计算量较大。

为了得到飞行器的位置数据，须对惯性导航系统每个测量通道的输出积分。陀螺仪的漂移将使测角误差随时间成正比增大，而加速度计的常值误差又将引起与时间平方成正比的位置误差。这是一种发散的误差（随时间不断增大），可通过组成舒拉回路、陀螺罗盘回路和傅科回路三个负反馈回路的方法来修正这种误差以获得准确的位置数据。

舒拉回路、陀螺罗盘回路和傅科回路都具有无阻尼周期振荡的特性，所以惯性导航系统常与无线电、多普勒和天文等导航系统组合，构成高精度的组合导航系统，使系统既有阻尼又能修正误差。

惯性导航系统的导航精度与地球参数的精度密切相关。高精度的惯性导航系统须用参考椭球来提供地球形状和重力的参数。由于地壳密度不均匀、地形变化等因素，地球各点的参数实际值与通过参考椭球求得的计算值之间往往有差异，并且这种差异还带有随机性，这种现象称为重力异常。正在研制的重力梯度仪能够对重力场进行实时测量，提供地球参数，解决重力异常问题。

三、惯性导航的优缺点

惯性导航系统有如下优点：①由于它是既不依赖于任何外部信息，也不向外部辐射能量的自主式系统，故隐蔽性好，且不受外界电磁干扰的影响；②可全天候、全时间地工作于空中、地球表面乃至水下；③能提供位置、速度、航向和姿态角数据，所产生的导航信息连续性好而且噪声低；④数据更新率高，短期精度和稳定性好。

缺点是：①由于导航信息由积分产生，定位误差随时间而增大，长期精度差；②每次使用之前需要较长的初始对准时间；③设备的价格较昂贵；④不能给出时间信息。

第四节

任务规划概念与实施

一、概念与目标

无人机任务规划（Mission Planning）是指根据无人机需要完成的任务、无人机的数量以及携带任务载荷的类型，对无人机制定飞行路线并进行任务分配。

任务规划的主要目标是依据地形信息和执行任务的环境条件信息，综合考虑无人机的性能、到达时间、耗能、威胁以及飞行区域等约束条件，为无人机规划出一条或多条自出发点到目标点的最优或次优航迹，保证无人机高效、圆满地完成飞行任务，并按规定返回基地。

二、主要功能

由于无人驾驶，无人机对任务规划的要求更为严格，需要更为详细的飞行航迹信息、作用目标和任务执行信息。无人机任务规划是实现自主导航与飞行控制的有效途径，它在很大程度上决定了无人机执行任务的效率。无人机任务规划需要实现以下功能。

1.任务分配功能

充分考虑无人机自身性能和携带载荷的类型，可在多任务、多目标情况下协调无人机及其载荷资源之间的配合，以最短时间以及最小代价完成既定任务。

2.航迹规划功能

在无人机避开限制风险区域以及油耗最小的原则上，制定无人机的起飞、着陆、接近监测点、侦察监测区域、离开监测点、返航及应急飞行等任务过程的飞行航迹。

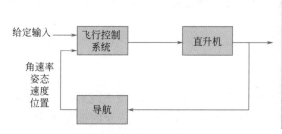

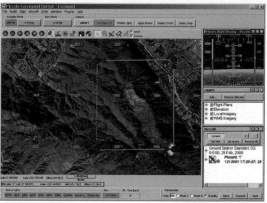

3.仿真演示功能

能够实现飞行仿真演示、环境威胁演示、监测效果演示；可在数字地图上添加飞行路线，仿真飞行过程，检验飞行高度、油耗等飞行指示的可行性；可在数字地图上标志飞行禁区，使无人机在执行任务过程中尽可能避开这些区域；可进行基于数字地图的合成图像计算，显示不同坐标与海拔位置上的地景图像，以便地面操作人员为执行任务选取最佳方案。

三、约束条件与原则

1.约束条件

无人机任务规划需要考虑以下因素：

〔1〕飞行环境限制

无人机在执行任务时会受到如禁飞区、障碍物、险恶地形等复杂地理环境的限制，因此在飞行过程中，应尽量避开这些区域，可将这些区域在地图上标志为禁飞区域，以提升无人机的工作效率。此外，飞行区域内的气象因素也将影响任务效率，应充分考虑大风、雨雪等复杂气象下的气象预测与应对机制。

〔2〕无人机物理限制

无人机物理限制对飞行航迹有以下限制。

① 最小转弯半径：由于无人机飞行转弯形成的弧度将受到自身飞行性能限制，因此无人机只能在特定的转弯半径范围内转弯。

② 最大俯仰角：限制了航迹在垂直平面内上升和下滑的最大角度。

③ 最小航迹段长度：无人机飞行航迹由若干个航点与相邻航点之间的航迹段组成，在航迹段飞行途中沿直线飞行，而到达某航点时有可能根据任务的要求改变飞行姿态。最小航迹段长度是指限制无人机在开始改变飞行姿态前必须直飞的最短距离。

④ 最低安全飞行高度：限制通过任务区域的最低飞行高度，防止飞行高度过低而撞击地面，导致坠毁。

〔3〕飞行任务要求

无人机具体执行的飞行任务主要包括到达时间和目标进入方向等，需满足如下要求：

① 航迹距离约束，限制航迹长度不大于预先设定的最大距离。

② 固定的目标进入方向，确保无人机从特定角度接近目标。

(4) 实时性要求

当预先具备完整精确的环境信息时,可一次性规划自起点到终点的最优航迹。而实际情况是难以保证获得的环境信息不发生变化;而且,由于任务的不确定性,无人机常常需要临时改变飞行任务。在环境变化区域不大的情况下,可通过局部更新的方法进行航迹的在线重规划;而当环境变化区域较大时,无人机任务规划系统则必须具备在线重规划功能。

2. 原则

任务规划一般从接收任务开始,根据任务人工选择几个航迹点。对这些点进行检验和调整,使之满足各种约束条件的需求。选用优化准则(如最短路径分析)由计算机辅助生成飞行航线。用检验准则检验航线上的每个点,若全部通过,则找到了一条可用的航线。

四、分类与处理流程

1. 任务规划的分类

从实施时间上划分,任务规划可以分为预先规划(预规划)和实时规划(重规划)。就任务规划系统具备的功能而言,任务规划可包含航迹规划、任务分配规划、数据链路规划与系统保障和应急预案规划等,其中航迹规划是任务规划的主体和核心。

预先规划是在无人机执行任务前,由地面控制站制定,主要是综合任务要求、地理环境和无人机任务载荷等因素进行规划,其特点是约束和飞行环境给定,规划的主要目的是通过选用合适的算法谋求全局最优飞行航迹。

实时规划是在无人机飞行过程中,根据实际的飞行情况和环境的变化制定出一条可飞航迹,包括对预先规划的修改以及选择应急的方案,其特点是约束和飞行环境实时变化。任务规划系统需综合考量威胁、航程、约束等多种条件,采用快速航迹规划算法生成飞行器的安全飞行航迹。任务规划系统需具备较强的信息处理能力并具有一定的辅助决策能力。

2. 任务规划的处理流程

任务规划由任务理解、环境评估、任务分配、航迹规划、航迹优化和生成计划等组成。其处理流程如下图所示。

任务规划处理流程

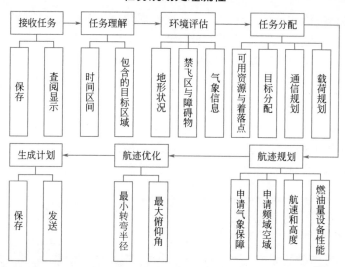

① 整个流程开始于接收到上级下发的任务、命令。首先，对任务进行保存，提供查阅和显示。

② 其次，辅助操作人员进行任务理解，分析任务执行的地理区域、时间区间，任务所包含的目标航点数，各个航点的位置、重要程度等情况。根据任务涉及的区域查询显示地形概况、禁飞区和障碍物分布情况及气象信息，为航迹规划提供环境情况依据。

③ 然后进行任务分配，在这个过程里提供可用的无人机资源和着陆点的显示，辅助操作人员进行载荷规划、通信规划和目标分配。

载荷规划包括携带的传感器类型、摄像机类型和专用任务设备类型等，规划设备工作时间及工作模式，同时需要考虑气象情况对设备的影响程度。

通信规划包括在执行任务的过程中，需要根据环境情况的变化制订一些通信任务，调整与任务控制站之间的通信方式等。

目标分配主要是指执行任务过程中实现动作的时间点、方式和方法，设定航点的时间节点、飞行高度、航速、飞行姿态以及配合载荷设备的工作状态与模式，当无人机到达该航点时实施航拍、盘旋等飞行任务。

④ 下一步是航迹规划，在目标分配的基础上，根据环境变化情况、无人机航速、飞行高度范围、燃油量和设备性能制定飞行航迹，并申请通信保障和气象保障。

⑤ 航迹规划完成后，系统根据无人机飞行的最小转弯半径和最大俯仰角对航迹进行优化处理，制定出合适无人机飞行的航迹。

⑥ 最后生成计划，保存并发送。

五、航迹规划

无人机航迹规划是任务规划的核心内容，需要综合应用导航技术、地理信息技术以及远程感知技术，以获得全面详细的无人机飞行现状以及环境信息，结合无人机自身技术指标特点，按照一定的航迹规划方法，制定最优或次优路径。因此，航迹规划需要充分考虑电子地图的选取、标绘，航线预先规划以及在线调整时机。

第七章 无人机驾驶员巡航阶段操纵技术及相关知识

1.电子地图

〔1〕功能

电子地图在无人机任务规划中的作用是显示无人机的飞行位置、画出飞行航迹、标注规划点以及显示规划航迹等。一般情况下，电子地图可直接安装于无人机地面控制站，选取合适的地图插件，可与地面站软件进行较好的集成。电子地图插件应具备以下基本功能：

① 地面站所需要的永久图层和临时图层的创建；

② 地图属性设置，如图层设置、样式选择等；

③ 对地图的一些基本操作，如拖动、放大、缩小等；

④ 对地图图元的添加、删除、选定、移动等操作。

地面站电子地图显示的信息分为三个方面：一是无人机位置和飞行航迹；二是无人机航迹规划信息；三是其他辅助信息，如图元标注。其中图元标注是完成任务的一项重要的辅助性工作，细致规范的图元标注将大幅度提高飞行安全性和任务完成质量。图元标注主要包括以下三方面信息：

① 场地标注。主要包括起飞场地标注、着陆场地标注、应急场地标注，为操作员提供发射与回收以及应急迫降的区域参考。

② 警示标注。主要用于飞行区域内重点目标的标注，如建筑物、禁飞区、人口密集区等易影响飞行安全的区域。

③ 任务区域标注。无人机侦察监测区域应预先标注，主要包括任务区域范围、侦察监测对象等。

〔2〕地图校准

由于加载的电子地图与实际操作时的地理位置信息有偏差，需要在使用前对地图进行校准。无人机在特定区域内执行任务时，只需首次对该区域地图进行校准，此后在该区域执行任务时，直接调用已校准的地图即可。

首先打开任务区域所在的地图文件。在命令下拉菜单中选取三个定位点作为校准点（注意：选取的三个点不能在同一直线上），并在对话框左侧输入三个定位点的实际地理位置信息。

定位点设置成功后，完成地图校准，点击"保存地理信息"，将设置保存为扩展名为".mif"的地理信息文件。

若使用已校准的地图，点击文件栏下拉菜单中的"打开地图信息文件"选项，在弹出对话框中选择所需文件即可。

2. 航线规划

航线规划一般分为两步：首先是飞行前预规划，即根据既定任务，结合环境限制与飞行约束条件，从整体上制定最优参考路径并装订特殊任务；其次是飞行过程中的重规划，即根据飞行过程中遇到的突发状况，如地形、气象变化、未知限飞禁飞因素等，局部动态地调整飞行路径或改变动作任务。

航线规划的内容包括出发地点、途经地点、目的地点的位置信息、飞行高度及速度和需要到达的时间段。航线规划应具备以下功能：

① 具有标准飞行轨迹生成功能，可生成常用的标准飞行轨迹，如圆形盘旋、8字形盘旋、往复直线飞行等，存储到标准飞行轨迹数据库中，以便在飞行过程中可以根据任务的需要使飞行器及时地进入和退出标准飞行轨迹。

111

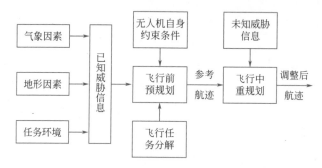

② 具有常规的飞行航迹线生成、管理功能,可生成对特定区域进行搜索的常规飞行航线,存储到常规航线库中,航线库中的航线在考虑了传感器特性、传感器搜索模式(包括搜索速度、搜索时间)和传感器观察方位(包括搜索半径、搜索方向、观测距离、观测角度)等多种因素后,可实现对目标的最佳探测。

六、应急预案

任务规划时还要考虑异常应急预案,即应急航线。其主要目的是确保无人机安全返航,规划一条安全返航通道和应急迫降点,以及航线转移策略(从航线上的任意点转入安全返航通道或从安全返航通道转向应急迫降点或机场)。

系统保障与应急预案规划是指综合考虑无人机系统本身的约束条件、目标任务需求和应急情况详情,合理设置地面站与无人机的配比关系,科学部署工作地域内的各种无人机地面站,制定突发情况下的无人机工作方案。

第五节

案 例

对于地面操作人员,需要熟悉的用户界面主要包括两个:飞行计划数据库窗口和地面显示窗口。这里以某型无人机地面站软件操作界面为例,展示航迹规划的基本功能。

　　无人机在文件名为"flighttest_bmp"地图所表示的区域内执行任务，整个飞行航迹由五个航点和相邻航点之间的航路段组成，整个航程为3.1km，历时2小时36分钟，全段航速保持20m/s不变，任务流程如下：

　　无人机在HOME点起飞，直至到达wp1点前飞行高度保持在地面站上方100m；到达wp1点时飞行高度降至98m，并开始执行航拍任务，每10s采集一次图像，直至到达wp2点结束航拍任务；

　　自wp2点途经wp3点，直至到达LAND点时，只执行飞行动作，并始终保持98m的飞行高度，20m/s的航速；

　　到达LAND点时开始着陆，至此整个飞行任务结束。

　　特别提示：

　　①"航点类型"指的是到达该航点时执行的动作类型，分为三种：

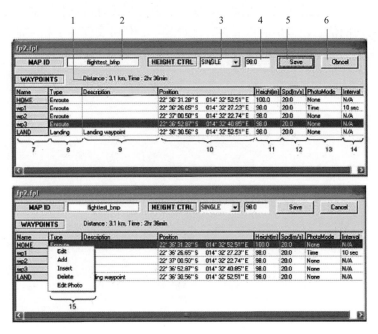

　　a.途经模式：即经过该航点时不执行任何飞行模式，继续沿规划航迹执行后续任务。

　　b.巡航模式：表示以该航点为中心，做圆周巡航飞行，直至到达设定时间或接收结束指令，方可执行后续飞行任务。

　　c.着陆模式：在设置地面站位置时自动生成的着陆航点，途经该航点时执行着陆指令。

　　②"航点位置速度"显示从到达该航点时起，到下一航点前，这段飞行路径中无人机的航速。

　　③"航点拍照模式"有三种：

　　a.无动作：到达该航点后不执行航拍任务；

　　b.定时航拍：到达该航点后以一定的时间间隔（秒为单位）进行图像采集；

　　c.定点航拍：到达该航点后以一定的距离间隔（米为单位）进行图像采集。

　　注：航点拍照模式为无动作时，系统默认航点拍照间隔栏选择"使用"或者"关闭"，定时航拍与定点航拍的拍照间隔则需在"航点拍照间隔"中设置。

　　从地面站软件地图显示窗口中可以看出，当前显示的任务要求是按照既定航线飞行，并执行定点航拍以及指定区域内的巡航任务。无人机在文件名为"flighttest_bmp"地图所表示的区域内执行任务，整个飞行航迹由6个点和相邻航点之间的航路段组成，无人机在当前的位置坐标显示于界面右下角位置。

整个任务流程如下：

① 无人机在 HOME 点起飞，到达 wp1 点时开始执行航拍任务，并在 wp1 与 wp2 之间的航迹段进行图像采集，直至到达 wp2 点结束航拍任务；

② 到达 wp2 时，进入巡航模式，以 wp2 点为中心，顺时针进行圆形盘旋巡飞（紫色带箭头圆圈，半径表示巡飞半径大小，箭头方向指示巡飞方向），直到完成巡航模式周期时间结束，并飞至下一航点；

③ 途径 wp3 点，直至到达 LAND 点时，只执行单一飞行任务；

④ 到达 LAND 点时开始着陆，至此整个飞行任务结束。

地图显示窗口中设定的起飞、着陆点、航点、路径以及任务动作信息，都会在飞行计划数据库中显示对应的信息，包括航点属性、地理坐标、任务类型等；相应地，飞行计划数据库中的参数发生变化时，地图显示窗口中的航迹信息与飞行任务也随之变化。

第八章

旋翼无人机

第一节
旋翼无人机分类及主流布局形式

一、旋翼无人机的分类

旋翼飞行器是一种重于空气的航空器，其在空中飞行的升力由一个或多个旋翼与空气进行相对运动的反作用获得，与固定翼航空器为相对的关系。

现代旋翼无人机主要包括单旋翼带尾桨无人直升机、共轴无人直升机以及近年来蓬勃发展的多轴无人飞行器。

旋翼无人机的类型很多，分类方法也有许多种，这里主要介绍按起飞重量和结构形式两种分类方法。

〔1〕按起飞重量分类

旋翼无人机按起飞重量可分为如下四种类型：

① 微型旋翼无人机：空机质量小于等于7kg。多数的多轴无人飞行器属于这一级别。

② 轻型旋翼无人机：空机质量大于7kg，小于等于116kg。如美国飞驰公司与深圳通飞航空共同研制的AF25B系列无人机。

③ 小型旋翼无人机：空机质量大于116kg，小于等于5700kg。如RQ-8A"火力侦察兵"。

④ 大型旋翼无人机：空机质量大于5700kg。目前这个级别还没有实用的系统。

〔2〕按结构形式分类

① 单旋翼带尾桨式无人直升机：它装有一个旋翼和一个尾桨。旋翼的反作用力矩，由尾桨拉力相对于直升机重心所构成的偏转力矩来平衡。虽然尾桨消耗一部分功率，但这种结构形式构造简单，操纵灵便，应用极为广泛。

② 双旋翼共轴式无人直升机：在同一转轴上装有两个旋转方向相反的旋翼。其反作用力矩相互平衡。它的特点是任务载荷大，气动效率高，但操纵机构较为复杂。

③ 多轴无人飞行器：是一种具有两个旋翼轴以上的无人旋翼航空器。由每个轴末端的电动机转动，带动旋翼从而产生上升动力。旋翼的总距固定而不像直升机那样可变。通过改变不同旋翼之间的相对速度可以改变推力和转矩，从而控制飞行器的运行轨迹。

④ 其他类型包括自转旋翼无人机、变模态旋翼无人机、复合旋翼无人机等。

二、单旋翼带尾桨无人直升机

在直升机发展初期，没有哪一种布局的直升机占有主导地位，不同的设计者根据自己的理解和喜好，设计出各式各样的垂直飞行器。但是经过多年的实践，其他布局的直升机大多失去了热衷者，唯有单旋翼带尾桨的直升机势头未减，占据主导地位，成为目前应用最为广泛的一种直升机。多数起飞重量较大的无人直升机也都采用此种布局。单旋翼带尾桨直升机构造简单、操纵灵便，确有其显著的优点。

事实上，同是单旋翼带尾桨直升机，不同的机型，虽然共性的方面很多，但是，在气动布局上也可能存在着较大的差别，其气动部件的形状、安装部位、部件配置、参数选择等都可能不一样。不同的气动布局必然会产生不同的气动特点，而不同的气动特点又会直接影响到直升机的性能和操纵。国内目前使用的单旋翼带尾桨无人直升机机型较多，对于无人机驾驶员来说，了解不同布局的气动特点和设计师的特殊考虑，对于掌握机型特点是有益的。

下面对单旋翼带尾桨直升机的气动布局特点进行简要介绍。

AF25B无人机

1. 旋翼的布局和工作参数选择

（1）旋翼旋转方向

一般来说，美国的一些直升机喜欢采用俯视逆时针旋翼，法国、俄罗斯等多数国家喜欢采用俯视顺时针旋翼，我国直升机中"黑鹰"和直-8是俯视逆时针旋翼，其他机型都是俯视顺时针旋翼。从气动特性来说，两者并没有明显的差别。但是，对有人机来讲，如果采用并列式双驾驶员座舱，并指定左座为机长位置，那么还是采用俯视顺时针旋翼好一些。这主要是在悬停和起、降中，飞行员的视线方向与飞行员小臂的移动方向一致，操纵动作比较自然的缘故。

（2）旋翼轴前倾角

为了降低燃料消耗率，设计时通常把直升机以巡航速度飞行时的姿态，选为接近水平姿态，使阻力最小。这样，飞行中旋翼桨盘就必须前倾，以便形成足够的水平拉力和阻力相平衡。比较方便的做法是将旋翼轴设计成向前倾斜的，前倾角通常为5°左右。但是前倾角过大也不好，会造成消速及悬停时直升机的姿态很大。严格地说，前倾旋翼轴对悬停操纵与空气动力设计都不算有利，今后可能会有更好的解决方案。

（3）旋翼直径

大的旋翼直径可以有效地提高旋翼拉力，因为旋翼拉力同旋翼半径的四次方成正比。旋翼直径大，则旋翼的桨盘载荷小，悬停诱导速度就小，这样可以有效地降低旋翼诱阻功率。但是，旋翼直径过大，也有其不利方面，主要有：直升机重量增加、造价提高、所需的存放场地大、在丛林等复杂地貌条件机动能力差。为此，设计师在设计过程中，最终目标是确定最小的旋翼直径或者确定最大的桨盘载荷，它必须既能满足性能要求，又能满足直升机的使用要求。

（4）旋翼桨叶的平面形状

早期直升机的旋翼舵采用尖削桨叶，即桨叶尖部的弦长比根部更短一些，这可使桨盘诱导速度更为均匀，从而改善悬停性能。采用金属桨叶后，为了制作方便，一般旋翼都采用矩形桨叶。近些年，复合材料受到青睐，由于这种桨叶按变弦长的要求制作没有困难，尖削方案可能重新被采用。为了解决大速度下空气压缩性的影响和噪声问题，把桨叶尖部做成后掠形是可取的方案。"黑鹰"直升机就是一个例子。

（5）桨叶扭转

采用扭转桨叶可以改善旋翼桨叶拉力分布，但是，大的扭转虽然对悬停有利，但在大速度飞行时，会产生振动载荷，而且，大的扭转对自转也不利。因此，目前桨叶的扭转角多在-5°～-6°。

（6）桨叶翼型和桨叶片数

一般来说，理想的翼型应该既有较好的低速性能，也有较好的高速性能，同时俯仰力矩也要符合要求，还要考虑防颤振等特殊要求。这些条件往往相互矛盾。目前，相对厚度比较薄的接近对称型方案占上风。

至于旋翼的桨叶片数，目前多数单旋翼带尾桨无人直升机使用2片桨叶。

2. 尾桨形式与布局

（1）尾桨的安装位置与旋转方向

尾桨的作用是平衡旋翼产生的反转矩。单旋翼直升机的尾桨都是安装在尾梁后部或尾斜梁或垂尾上，其垂直位置有的比较低，有的则比较高。尾桨的安装位置低，可以减小传动系统的复杂性，有助于减轻结构重量，但是，尾桨可能处在旋翼尾流之中，容易发生不利的气动干扰。反过来，尾桨的安装位置高，则可以避免或减少气动干扰，提高尾桨效率，对提高前飞的稳定性也是有利的，而且悬停时直升机坡度较小，但结构较低置尾桨复杂。现在来看，多数直升机都采用高置尾桨。

尾桨旋转方向的选择，主要是从减弱旋翼与尾桨之间的气动干扰考虑的。一般认为，尾桨采用底部向前旋转方向较为有利，尾桨效率也比较高。

〔2〕推式尾桨和拉式尾桨

在尾桨拉力方向不变的情况下，可以把尾桨安装在垂尾左侧，也可以安装在垂尾右侧，如果尾桨拉力方向指向直升机对称面，则为推式尾桨；如果尾桨拉力是从对称面向外指的，则为拉式尾桨。采用推式尾桨还是拉式尾桨，主要是从尾桨与垂尾的气动干扰方面考虑的。采用拉式尾桨，垂尾处于尾桨的诱导速度范围内，在垂尾上必然要产生一个与尾桨拉力方向相反的侧力，这样不仅会降低尾桨效率，而且容易发生方向摆动等现象。虽然推式尾桨与垂尾之间也会发生气动干扰，但总的来看，采用推式尾桨较为有利。

〔3〕尾桨桨叶的扭转

尾桨桨叶的扭转可以在一定程度上提高尾桨的工作效率，但可能有促成尾桨涡环的产生并带来相应的副作用，一般不提倡。

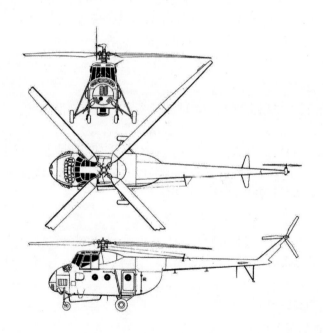

三、共轴双旋翼无人直升机

共轴双旋翼直升机具有绕同一理论轴线一正一反旋转的上下两副旋翼，由于转向相反，两副旋翼产生的转矩在航向不变的飞行状态下相互平衡，通过所谓的上下旋翼总距差动产生不平衡转矩可实现航向操纵。因此，共轴双旋翼在直升机的飞行中，既是升力面又是纵横向和航向的操纵面。

共轴双旋翼直升机的上述特征决定了它与传统的单旋翼带尾桨直升机相比有着自身的特点。20世纪40年代初，这种构形引起了航空爱好者极大的兴趣，并试图将其变成可实用的飞行器，然而，由于当时人们对共轴双旋翼气动特性认识的缺乏以及在结构设计方面遇到的困难，最终许多设计者放弃了努力，在很长一段时间对共轴式直升机的探讨只停留在实验上。1932年，西科斯基公司研制成功了单旋翼带尾桨直升机，成为世界上第一架可实用的直升机。从此，单旋翼带尾桨直升机以其简单、实用的操纵系统和相对成熟的单旋翼空气动力学理论成为半个多世纪来世界直升机发展的主流。然而，人们对共轴双旋翼直升机的研究和研制一直没有停止。

俄罗斯卡莫夫设计局从1945年研制成功卡-8共轴式直升机到90年代研制成功被西方誉为现代世界最先进的武装攻击直升机卡-50，发展了一系列共轴双旋翼直升机，在型号研制、理论实验研究方面均走在世界前列。美国也于20世纪50年代研制了QH-50共轴式无人直升机作为军用反潜的飞行平台，并先后交付美国海军700多架。美国西科斯基公司在20世纪70年代发展了一种前行桨叶方案（ABC）直升机，该机采用共轴式旋翼，刚性桨毂，上下旋翼的间距较小。它利用上下二选一的前行桨叶边左右对称来克服单旋翼在前飞时由后行桨叶失速带来的升力不平衡力矩，从而提高旋翼的升力和前进比。其验证机XH-59A于1973年进行了试飞，并先后进行了大量的风洞实验。

从20世纪60年代开始由于军事上的需要，一些国家研制无人直升机，而且近年来，无人直升机已成为国内外航空领域内的研究热点。比较成熟的有：加拿大CLL227，德国的"Seamos"，美国的"QH-50"。这些无人机的共同特点均采用了共轴双旋翼形式。目前我国通飞航空重点研制的无人驾驶直升机和复合式轻型载人直升机设计同样采用了共轴双旋翼形式。

在实验方面，从20世纪50年代起，美国、日本等相继对共轴双旋翼的气动特性、旋翼间的气动干扰进行了大量风洞实验研究。经过半个多世纪的发展，共轴双旋翼的旋翼理论得到不断的发展和完善。这种构形的直升机以它固有的优势越来越受到业内人士的重视。

复合式共轴双旋翼直升机是由通飞航空公司首创设计，指在共轴双层旋翼的理论基础上，复合了尾旋翼的设计，可以在空中进行更稳定作业的飞行器系统，具有机动性、飞行姿态的稳定性、适应能力和开放性强的特点。这一设计在2013年的国际无人机设计大赛上取得过实用性比分第一名的成绩。

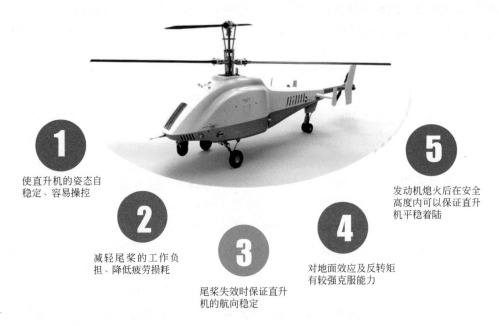

1 使直升机的姿态自稳定、容易操控

2 减轻尾桨的工作负担、降低疲劳损耗

3 尾桨失效时保证直升机的航向稳定

4 对地面效应及反转矩有较强克服能力

5 发动机熄火后在安全高度内可以保证直升机平稳着陆

1. 共轴双旋翼直升机的总体结构特点

共轴式直升机与单旋翼带尾桨直升机的主要区别是采用上下共轴反转的两组旋翼来平衡旋翼转矩，也可不需要尾桨。在结构上，由于采用两副旋翼，与相同重量的单旋翼直升机相比，若采用相同的桨盘载荷，通过简单的几何计算，其旋翼半径仅为单旋翼直升机的0.7倍。如前所述，单旋翼直升机的尾桨部分必须超出旋翼旋转面，尾桨直径为主旋翼的0.16～0.22倍，这样，假定尾桨紧邻旋翼桨盘，则单旋翼直升机旋翼桨盘的最前端到尾桨桨盘的最后端是旋翼直径的1.16～1.22倍。如果没有尾桨，共轴式直升机的机身部分一般情况下均在桨盘面积之内，其机体总的纵向尺寸就是桨盘直径。这样，在相同的桨盘载荷、发动机和相同的总重下，共轴双旋翼直升机的总体纵向尺寸仅为单旋翼直升机的0.6倍左右。

共轴式直升机的机身较短，同时其结构重量和载重均集中在直升机的重心处，因而减少了直升机的俯仰和偏航的转动惯量。10t级直升机上，共轴式直升机的俯仰转动惯量大约是单旋翼直升机的一半。由于上述原因，共轴式直升机可提供更大的俯仰和横滚操纵力矩，并使直升机具有较高的加速特性。

如果尾桨不参与控制航向，共轴式直升机就减少了单旋翼直升机存在的尾桨故障隐患和变形引起的尾桨传动机构的故障隐患，从而提高了直升机的生存率。

由于采用上下两副旋翼，增加了直升机的垂向尺寸，两副旋翼的桨毂和操纵机构均暴露在机身外。两副旋翼的间距与旋翼直径成一定比例，以保证飞行中上下旋翼不会由于操纵和阵风引起的极限挥舞而相碰。两旋翼间的非流线不规则的桨毂和操纵系统部分增加了直升机的废阻面积，因而，共轴式直升机的废阻功率一般来说大于单旋翼带尾桨直升机的废阻功率。

共轴式直升机一般采用双垂尾以增加直升机的航向操纵性和稳定性。一般来说，共轴式直升机绕旋翼轴的转动惯量大大小于单旋翼带尾桨直升机，因而，航向的操纵性好于单旋翼带尾桨直升机，而稳定性相对有尾桨的直升机较差。由于共轴式直升机的机身较短，因此增加平尾面积和采用双垂尾来提高直升机的纵向和航向稳定性。共轴式直升机的垂尾的航向操纵效率只在飞行速度较大时方起作用。

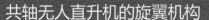
共轴无人直升机的旋翼机构　　采用双垂尾设计的共轴无人机

2. 共轴双旋翼直升机的主要气动特性

共轴式直升机具有合理的功率消耗、优良的操纵性、较小的总体尺寸等特点。

与单旋翼带尾桨直升机相比，共轴式直升机的主要气动特点为：

① 共轴式直升机具有较高的悬停效率；没有用于平衡反转矩的尾桨功率损耗；空气动力对称；具有较大的俯仰、横滚控制力矩；在相同的起飞重量、发动机功率和旋翼直径下，共轴式直升机有着更高的悬停升限和爬升率。

② 共轴式直升机随着升限增高，其航向转弯速度保持不变甚至有所增加。这是由于共轴式直升机不需要额外的功率用于航向操纵，因而改善了航向的操纵效率。

诱导阻力比单旋翼低20%～30%

③ 共轴双旋翼的平飞气动特性与单旋翼也有不同，资料表明，在相同拉力和旋翼直径下，刚性共轴双旋翼的诱导阻力比单旋翼低20% ～ 30%。由于操纵系统部分和上下旋翼桨毂这些非流线形状部件的数量和体积大于单旋翼直升机并暴露在气流中，因而共轴式直升机的废阻面积大于单旋翼直升机。共轴式直升机在悬停、中低速飞行时的需用功率小于单旋翼直升机，随速度逐渐增加需用功率逐渐增大至大于单旋翼直升机，这一特性决定了共轴式直升机有较大的实用升限、较大的爬升速度、更大的续航时间。而单旋翼直升机则有较大的平飞速度、较大的巡航速度和飞行范围。由于共轴式直升机具有特殊的操纵系统构件，两旋翼必须保持一定的间距，因此，要将废阻面积降低到单旋翼直升机的水平是非常困难的。

3. 共轴双旋翼直升机的操纵系统

共轴式直升机与传统单旋翼带尾桨直升机的主要区别之一是航向操纵的形式和响应不同，其改变上下旋翼的转矩的方式又分为：全差动、半差动、桨尖制动、磁粉制动。全差动方式是同时反向改变上下旋翼的桨叶角来实现直升机航向的操纵和稳定。俄罗斯卡莫夫系列共轴式直升机均采用此种控制方式。桨尖制动方式是在旋翼桨尖设置阻力板，通过改变阻力板的迎风阻力面积来改变旋翼的转矩以实现直升机的航向操纵和稳定。德国研制的无人驾驶直升机CEAMOS采用了此种控制方式。磁粉制动是在传动系统内部通过磁粉离合器对上下旋翼轴进行转矩分配。加拿大研制的无人直升机CLL227采用了此种形式。半差动方式一般是通过改变下旋翼桨叶角来改变上下旋翼的功率分配，使其相等或不等来控制直升机的航向。

根据直升机的飞行原理可知，直升机的飞行控制是通过周期变距改变旋翼的桨盘锥体从而改变旋翼的总升力矢量来实现的，由于旋翼的气动输入（即周期变距）与旋翼的最大影响（即挥舞），其方位角相差90°，当旋翼在静止气流中旋转时，以纵向周期变距为例，上旋翼在90°时即前行桨叶处得到纵向周期变距输入，此时上旋翼为逆时针旋转，对上旋翼来说将在180°时得到最大响应，即挥舞最大。而对下旋翼而言，上旋翼的前行桨叶方位处是下旋翼的后行桨叶方位，此时下旋翼为顺时针旋转，其桨叶前缘正好与上旋翼相反，对上旋翼的最大输入恰好是对下旋翼的最小输入，下旋翼将在0°处达到最小挥舞响应。而在下旋翼的前行桨叶处（上旋翼的后行桨叶）达到最大输入，在180°处达到最大挥舞响应。因此，上下旋翼在纵向周期变距的操纵下的挥舞平面是基本平行的。类似地，在给出横向周期变距操纵后，上下两旋翼的转向相反，翼剖面的前后缘反向。因而，一个是最大输入而另一个是最小输入，两旋翼的最大响应和最小响应相差180°，其挥舞平面也是平行的。因此，共轴式直升机的上下旋翼的自动倾斜器是通过若干拉杆组成的连杆机构，该机构使得上下旋翼的自动倾斜器始终保持平行。

 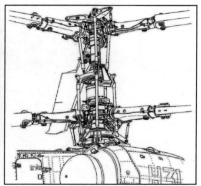

共轴式直升机的纵横向操纵是通过操纵下旋翼自动倾斜器的不动环再通过拉杆机构改变上旋翼自动倾斜器从而使上下旋翼的锥体保持平行的运动。

由以上分析可知，共轴式直升机的纵横向操纵系统是通过平行地操纵上下自动倾斜器来实现的。俄式共轴式直升机的航向操纵则是通过改变上下旋翼的总距来实现的。

4. 共轴双旋翼直升机的种类

① 卡莫夫-现役：上下两层旋翼可同时变距控制直升机的升降，十字盘控制俯仰和副翼飞行，无尾桨（有尾舵），上层旋翼变距通过主轴内的单根细轴上下运动实现，通过调整上下层桨距差（螺距角度差异）控制航向，如俄罗斯的卡-52等（卡系列是目前唯一在服役的共轴直升机，卡-27等民用款因任务载荷大，出口到其他国家后均被当作运输直升机来使用）。

② 卡莫夫-论证：上下两层旋翼可变距控制直升机的升降，十字盘控制俯仰和副翼飞行，上层十字盘变距和桨距差控制通过主轴内的2根内轴完成，通过调整上层桨距差（螺距

角度差异）控制航向。如卡莫夫公司设计的民用超轻型共轴等，计划推出的卡-92也是相同的工作原理。此款直升机结构维护相对复杂，2012年3月中国某公司在新加坡航展露面的共轴直升机也是此种结构（目前此项目已经停止），这种通过内轴变距的工作结构，对材料要求高，维护复杂，同时对飞控等电子产品依赖性强，并不适合用于无人机（瑞士某民用公司及中国某院所均采用过此种设计，但其周期摆动是结构问题，在无高性能的飞控出现之前并不可能实用，另外内轴变距的原理在飞行时非常容易形成疲劳截面，构成安全隐患）。

③ 娱乐式：上下层旋翼不可变距，主旋翼螺距角度一体化成型，无尾桨，通过控制两层旋翼的电动机转速差调整航向。这种结构保留了共轴直升机操作简便的特点，但目前均是电动引擎，留空时间短，抗风能力差，体积小，几乎没有任务载荷能力，仅限于无风条件的娱乐飞行。

④ 论证式：上下层主旋翼可以变距，通过大桨的转速差控制航向，目前已经完成论证，但对齿轮结构要求高，并对飞控依赖性强，耗电大，留空时间短，在电池技术没有明显突破之前并不实用。

⑤ 悬挂式：这种结构的直升机两层主旋翼翼型固定，采用四个125引擎作为动力，通过引擎转速提高升力，手动直接控制十字盘的朝向来实现俯仰和副翼飞行，利用旋翼的转速差完成航向控制，如日本的GH4单人直升机。缺点是飞行速度慢、任务吊舱航线飞行时晃动明显（目前美国民间有人设计过不可变距、手动整体控制十字盘方向、通过尾舵控制航向的飞行器，也在论证阶段，因旋翼和载荷平台分离，工作时主体晃动严重）。

⑥ 伞齿转动方式：这种设计不通过机体内的齿轮箱实现反向转动，而是通过两侧主旋翼间的伞齿实现桨的反转，可变主旋翼桨距。此方式结构简单，对伞齿材料要求高，航向控制采用尾舵，飞行机动性较差，如美国的"鹰的鲈鱼"无人机，北京航空航天大学的"蜜蜂M16"，中国庆安集团411所2013年为军内设计的无人直升机采用此种结构。

⑦ 复合式共轴：上下两层旋翼可变距，通过十字盘控制飞行方向，并由尾旋翼控制航向。优点是安全性能高，对飞控系统依赖性低、抗侧风能力强、战损后存活率高，其结构不限制是有人机还是无人机。缺点是结构重量略有增加。通飞航空2008年完成论证，2011年、2013年两次在国际无人机设计大赛上获奖，暂未量产。

四、多轴无人飞行器

多轴无人飞行器又称多旋翼飞行器。以其中最常见的四旋翼为例，有四个旋翼来举升和推进飞行。和固定翼飞机不同，它通过旋翼的旋转使飞行器升空。它的四个旋翼大小相同，分布位置对称。通过调整不同旋翼之间的相对转速来调节拉力和转矩，控制飞行器悬停、旋

1923年的四轴飞行器

多轴飞行器被用来解决旋翼机的转矩问题，四轴飞行器是最早的一批比空气重的垂直起降飞行器。

转或航线飞行。这一点和直升机不同，常见单旋翼尾桨式直升机有两个旋翼，尾旋翼只是起到抵消主旋翼产生的转矩、控制飞机机头指向的功能。

早期飞行器设计中，四轴飞行器被用来解决旋翼机的转矩问题。主副旋翼的设计也可以解决转矩问题，但副旋翼不能提供升力，效率低。因此四轴飞行器是最早的一批比空气重的垂直起降飞行器。但是早期的型号性能差，难以操控和大型化。

近年来多轴飞行器在无人机领域获得了新生。使用现代的电动动力装置和智能控制系统，使多轴飞行器飞行稳定，操控灵活。可以在户内和户外使用。与传统直升机相比，它有许多优点：它的旋翼总距固定，结构简单；每个旋翼的叶片比较短，叶片末端的线速度慢，发生碰撞时冲击力小，不容易损坏，也对人更安全；有些小型四轴飞行器的旋翼还有外框，可有效避免磕碰和损坏。

因为多轴无人飞行器体积小，重量轻，成本低，携带方便，能轻易进入不易进入的各种狭小环境，常用来制作玩具模型，也用来执行航拍电影取景、实时监控、地形勘探甚至送快递等任务。

第二节

构　造

一、旋翼

1. 旋翼的功能

本质上讲旋翼是一个能量转换部件，它把发动机通过旋翼轴传来的旋转动能转换成旋翼拉力。旋翼的基本功能是产生旋翼拉力。飞行中，拉力的一部分用于支撑直升机，起升力作用；另一部分则为直升机的运动提供动力。飞行员操纵直升机改变飞行状态，主要依靠改变旋翼拉力的大小和方向来实现。因此，研究旋翼的空气动力及其工作情形是十分必要的。

2. 旋翼与桨叶

【1】旋翼的结构形式

直升机的旋翼由旋翼轴、桨毂和2～8片桨叶组成。旋翼的结构形式主要是指旋翼桨叶和桨毂连接的方式。这里介绍四种有代表性的旋翼结构形式。

① 铰接式旋翼。铰接式旋翼是早期直升机最常见的一种结构形式，其桨毂具有三个铰（即三个关节）：水平铰（水平关节）、垂直铰（垂直关节）和轴向铰（轴向关节）。桨叶同桨毂连接后，能分别绕三个铰做三种转动。

桨叶绕水平铰可以上下活动，这种运动称为挥舞运动；桨叶绕垂直铰的前后活动，称为摆振运动；而桨叶绕轴向铰的转动，则称为桨叶的变距运动。

② 无铰式旋翼。一般所说的无铰式旋翼，是指在桨毂上取消了水平铰和垂直铰，仍保留了变距用的轴向铰。桨叶的挥舞运动和摆振运动，通过结构的弯曲变形来实现。这种形式的旋翼，目前使用的有两种：一种是旋翼桨毂为挥舞半刚性的，桨叶的挥舞是靠桨毂部件的弹性变形来实现的，如英法合制的WG-13"山猫"直升机；另一种是旋翼桨毂为挥舞刚性的，桨叶挥舞靠桨叶根部的弯曲变形来实现，如德法合制的BO-105直升机。

③ 万向接头式旋翼。这种结构形式的旋翼也叫"跷跷板"式旋翼，通常只有两片桨叶，它的桨叶与桨毂相连，并具有轴向铰用于改变桨叶角。与桨叶相连的桨毂下环，通过一对轴销与桨毂的上环相连；上环则用另一对轴销与桨毂的轴套相连，轴套由旋翼轴带动转动。与轴套相连的这对轴销，起水平铰的作用。这样，旋翼的两片桨叶不仅可以前后摆动，而且像个"跷跷板"，可一上一下地挥舞。

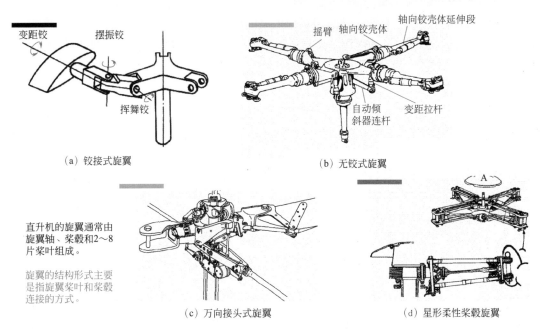

直升机的旋翼通常由旋翼轴、桨毂和2～8片桨叶组成。

旋翼的结构形式主要是指旋翼桨叶和桨毂连接的方式。

（a）铰接式旋翼

（b）无铰式旋翼

（c）万向接头式旋翼

（d）星形柔性桨毂旋翼

④ 星形柔性桨毂旋翼。星形柔性桨毂旋翼是用弹性轴承代替三个铰，并由层压弹性轴承和复合材料的星形板实现桨叶的挥舞、摆振和变距运动。

桨毂的壳体是一个整体的玻璃钢中央星形件，星形件伸出的支臂在挥舞方向是柔性的，而在摆振方向和扭转方向是刚性的。星形件内端中央槽内装有球面层压弹性轴承，星形件支臂外端装有球关节轴承。桨叶在挥舞载荷作用下连同夹板组件一起绕弹性轴承中心上下挥舞，而星形件柔性臂也产生弯曲变形。当桨叶上有摆振载荷作用时，桨叶连同夹板组件一起绕弹性轴承中心前后摆动。桨叶的变距运动，则由变距拉杆经摇臂作用到夹板上的扭转力矩，使弹性轴承产生扭转变形，从而改变桨叶角的大小来实现。法国的"松鼠""海豚"直升机和我国的直-9、直-11型直升机均采用这种旋翼形式。

〔2〕桨叶形状

① 桨叶的平面形状。桨叶的平面形状常见的有矩形、梯形、混合梯形、翼尖后掠形等几种。较普遍采用的是矩形和混合梯形。

矩形桨叶的空气动力性能虽不如梯形桨叶好，但矩形桨叶制造简便，所以仍得到广泛使用。为了使桨叶适宜于高速气流条件，有些直升机采用桨尖后掠形桨叶。直-5、米-8型直升机的旋翼和尾桨采用矩形桨叶，直-9型直升机的旋翼桨叶也可视为矩形。

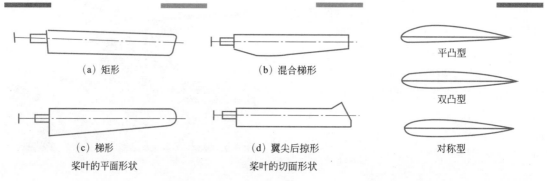

(a) 矩形   (b) 混合梯形   平凸型

双凸型

(c) 梯形   (d) 翼尖后掠形   对称型
桨叶的平面形状   桨叶的切面形状

② 桨叶的切面形状。桨叶的切面形状同机翼的切面形状相似，称为桨叶翼型。桨叶翼型常见的有平凸型、双凸型和对称型。桨叶翼型的特点一般用相对厚度、最大厚度位置、相对弯度、最大弯度位置等参数来说明。

3. 旋翼桨毂

桨叶通过桨毂与旋翼轴相连接，作用在桨叶上的载荷都要通过桨毂传递给旋转轴及操纵系统再传给机体结构。与桨叶相对比，桨毂将面临的问题在某些方面是相似的，但有其特殊的问题。

桨毂在承受由桨叶传来的很大离心力的同时，在挥舞面及摆振面都要承受较大的交变载荷。这样，桨毂也就存在着疲劳问题。桨毂任一个支臂主要受力元件的疲劳断裂一般总要导致直升机的坠毁，这就使桨毂疲劳强度的重要性更为突出。

桨毂的各个铰都必须带有轴承。这些轴承中的大多数都要承受由桨叶传来的几吨以至几十吨离心力，此外，它们不是像一般的轴承那样向一个方向连续运转而是来回地摆动，也就是所谓的摆动轴承。所以，这些轴承的工作条件十分恶劣。

为了提高轴承的寿命，除了在轴承构造参数选择上采取措施外，还要注意保证轴承的润滑与密封。桨毂轴承（特别是轴向铰）一般都采用流动性较好的润滑油，而不是采用油脂润滑。轴承组件如密封不好，则除了润滑油泄漏之外还会由于空气中氧气的进入而加速磨损（轨道接触区存在强烈的摩擦腐蚀）。

上层
轮毂

下层
轮毂

二叶
轮毂

关联
构造

　　桨毂构造设计中还有一个突出的问题就是如何减小质量。一个质量为七吨多的直升机，其桨毂质量往往要在400kg以上。这是一个相当可观的数字。和桨叶不同，桨毂质量减小并没有其他方面的限制。这样，总的来说桨毂的主要问题就是如何在保证疲劳强度和轴承运转寿命的条件下做到质量最小。

二、尾桨

1. 尾桨的功能

　　在机械驱动的单旋翼直升机上，尾桨用来平衡旋翼的反转矩；同时通过改变尾桨的推力（或拉力）实现对直升机的航向控制；另外，旋转的尾桨相当于一个安定面，能对直升机航向起稳定作用；在有的直升机上，尾桨向上偏转一个角度，也能提供一部分升力（例如UH-60A直升机的尾桨）。

　　虽然尾桨的功用与旋翼不同，但是它们都是因旋转而产生空气动力，并在直升机前飞时处于不对称气流里工作的状态。正是它们这个基本工作特点相同，使得尾桨结构设计的基本矛盾与旋翼结构设计相类似。

2. 典型尾桨结构

(1) 二叶"跷跷板"式

　　在轻型直升机上，二叶的尾桨通常采用"跷跷板"式结构，这种型式的尾桨与"跷跷板"式旋翼一样，它的两片桨叶的离心力在桨毂轴套上相平衡，而不传递给挥舞铰，因而大大减轻了挥舞铰轴承的负担，这样就可以选用比较小的轴承，而使桨毂结构更加紧凑、重量更轻。一般在结构布置上往往还把挥舞铰斜置一个角度，使其轴线与桨距操纵节点到桨毂中心的连线重合，这样布置以后，当桨叶挥舞时，避免了变距铰每转一次的周期变距运动，减少轴承的磨损，又不影响变距-挥舞耦合要求（挥舞调节）。

　　但是与旋翼不同的是，"跷跷板"尾桨一般不安排结构锥度角，这是因为使拉力与离心力平衡所需的结构锥度角很小，而且功率状态与自转状态尾桨推力方向相反。既然没有结构锥度角，也就无须采用悬挂措施。

由于没有结构锥度角，挥舞运动的零阶项为零，从而使科氏力减小，这对尾桨旋转面的受力是有意义的。

（2）多叶向接头式

由于"跷跷板"式尾桨有挥舞铰轴承，负荷较小，桨毂结构紧凑、重量轻，旋转面受力比一般无摆振铰的铰接式尾桨小等优点，因此有些多叶尾桨也采用与"跷跷板"式尾桨相类似的万向接头式尾桨结构，每片桨叶通过各自的变距铰与桨毂壳体相连接，而桨毂壳体又通过万向接头与尾桨轴相连接。苏制米-8型直升机的尾桨采用了万向接头式结构。

（3）多叶铰接式

对于三叶以上的尾桨，最常用的是铰接式尾桨，除早期个别直升机曾采用过全铰接式（即挥舞铰、摆振铰、变距铰）外，一般都没有摆振铰，称为半铰接式。这种尾桨的桨毂构造与铰接式旋翼桨毂的构造很相似，它的主要问题是：为了尽量减小科氏力以改善尾桨在旋转面里的受力情况，曾采用过多种措施，例如使轴向铰轴颈在旋转面内具有一定的柔性；或者采用特殊的挥舞铰轴销，都使得尾桨的旋转面具有一定的摆振自由度从而改善其受力情况。但是，这些措施往往都以结构复杂、结构重量增加为代价，而且会对尾桨的弦向频率带来影响。

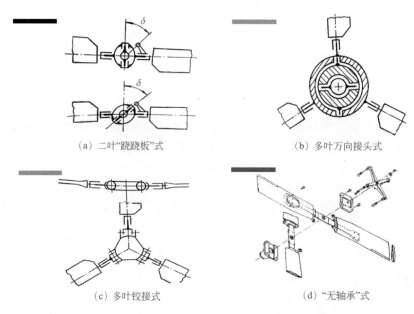

（a）二叶"跷跷板"式　　　　　　　（b）多叶万向接头式

（c）多叶铰接式　　　　　　　　　（d）"无轴承"式

（4）"无轴承"式

不论是半铰接式还是"跷跷板"式尾桨，都仍然带有挥舞铰、变距铰，致使结构重量难以减轻，而且维护工作量大、寿命低。同旋翼一样，合乎逻辑的发展就是取消这些铰，使结构简单化，以提高尾桨使用的可靠性和寿命。因此，作为发展无轴承旋翼的先导，在20世纪70年代初出现了无轴承式尾桨。无轴承式尾桨采用全复合材料结构，取消了挥舞铰和变距铰，桨叶的变距运动由复合材料大梁扭转变形来实现。如S-76的无轴承尾桨由四片复合材料桨叶组成，采用交叉梁结构，相对的两片桨叶大梁是一个整体，两个大梁交叉叠置，用夹板夹在一起，离心力在大梁中自身平衡，没有单独桨毂，结构简单，与一般传统的尾桨相比结构零件减少大约87%，重量减轻约30%。

三、传动系统

1. 传动系统的功能

直升机传动系统的主要作用是将发动机的动力传递给主旋翼和尾桨。来自发动机动力输出轴上的动力一般先经过减速器减速，之后由二级输出轴动力输出。对于主旋翼来说，通常情况下动力是通过锥齿轮啮合传递的，而对于尾桨来说，一般机构里会有一根长长的尾传动轴，在尾部依旧通过锥齿轮传递给轴向垂直的尾桨。直升机传动系统使主旋翼传动起来产生升力，使尾桨协调转动平衡转矩，是直升机重要的系统之一。

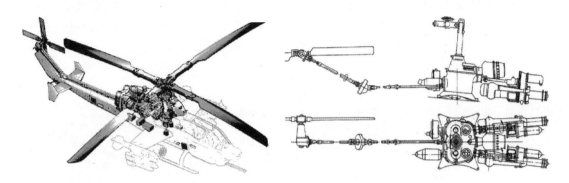

2. 传动系统的主要部件

（1）主减速器

其输入轴（主动轴）与发动机的输出轴相连，其输出轴（从动轴）也就是固定旋翼轴。通过主减速器把发动机的高转速（每分钟几千以至上万转）降低为旋翼的低转速（几百转甚至100多转）。主减速器的特点是传递的功率大和减速比大。在主减速器的输入轴处一般带有自由行程离合器（单向离合器）。此外在主减速器上还有带动尾传动轴的输出轴。

（2）传动轴

包括发动机与主减速器之间的主传动轴及由主减速器向尾桨传递功率的尾传动轴。在发动机直接与主减速器连接时就没有单独的主转动轴了。为了补偿制造及安装误差、机体变形及环境影响，传动轴往往还带有各种联轴器。细长的尾传动轴必须通过若干个轴承支持在机体上。

（3）尾减速器及中间减速器

尾减速器的输出轴是尾桨轴，输入轴与尾传动轴相连，一般由一对伞齿轮构成，输入轴与输出轴夹角一般为90°。由于尾桨转速较高，因此尾减速器的减速比不大。在尾传动轴有转折时还需要布置一个中间减速器，它也是由一对伞齿轮组成的，夹角取决于尾传动轴转折的要求，减速比一般为1，在某些轻型直升机上用一对甚至一个万向接头来代替中间减速器。

（4）旋翼刹车

一般布置在主减速器带动尾传动轴的输出轴处。在直升机着陆发动机停车后借助旋翼刹车可以避免风或其他因素使旋翼及尾桨旋转。

传动系统的主要受力元件往往在振动条件下工作，承受周期变化的载荷，必须特别注意其结构可靠性。而由于传动系统（特别是主减速器）重量很大，最小重量的要求就比较突出。由于传动系统是个传递功率的部件，要求尽量减少功率的损失，提高传动效率。为了减少重量而牺牲传动效率往往会是得不偿失的。由于传动系统是个高速旋转的部件，因此必须注意其静动平衡，以免加大直升机的振动。

四、操纵系统

1. 操纵系统的功能

操作系统是直升机的重要部件之一，驾驶员必须通过操纵系统来控制直升机的飞行，保持或改变直升机的平衡状态。直升机的纵向移动和俯仰运动、横向移动和滚转运动是分不开的，或者说是不独立的，因此直升机的空间虽有六个自由度，但实际上只需要四个操纵系统。这四个操纵系统分别是总距操纵系统、纵向操纵系统、横向操纵系统、航向操纵系统。它们分别由座舱操纵机构、操纵线系及自动倾斜器等组成。

2. 自动倾斜器构造

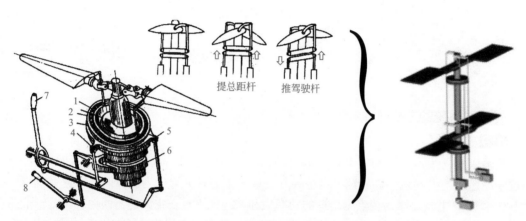

提总距杆　　推驾驶杆

1—旋转环；2—不旋转环；3—套环；4，5—动作操作拉杆；
6—滑套；7—俯仰副翼操纵杆；8—油门变距操纵杆

直升机旋翼的挥舞控制机构称为自动倾斜器，旋翼的总距和周期变距操纵都是靠它来完成的。自动倾斜器有多种结构形式，但控制机理都是一样的。它们在构造上都应满足三方面要求：一是它能随旋翼一起同步旋转；二是它能沿旋翼轴方向上下移动，以实现总距操纵；三是它能够向任何方向倾斜，以实现周期变距操纵。

在一种典型的自动倾斜器的原理结构图中，可以形象地看出自动倾斜器同驾驶杆、油门桨距杆的连接关系。自动倾斜器由滑筒、导筒、内环、外环、旋转环、操纵摇臂、变距拉杆等组成。滑筒套在导筒的外面，可沿导筒上下滑动，滑筒通过一对轴销与内环相连，外环通过另一对轴销与内环相连，由于两对轴销相互垂直，因此外环可以向任何方向倾斜。外环与旋转环之间有滚珠轴承，而旋转环通过变距拉杆与桨叶相连，旋翼转动时，通过与桨毂相连的拨杆带动旋转环及变距拉杆一起转动。

上提变距杆时，滑筒沿导筒向上滑动，带动内、外环和旋转环一齐向上移动，通过变距传动杆使桨叶角增大，旋翼拉力增大。反之，下放变距杆时，桨距变小，旋翼拉力减小。桨距的改变，不仅改变了旋翼拉力的大小，同时也要求发动机输出功率相应改变。因此，在构造上常将油门杆与变距杆连在一起，称为总距杆。这样，在上提总距杆增大桨距的同时，发动机输出功率也相应增大；下放总距杆减小总距时，发动机功率相应减小。

操纵驾驶杆，通过传动杆、摇臂的传动，能使旋转环随同内环向需要的方向倾斜。旋转环随同内环倾斜后，随着旋翼转动，各片桨叶的桨叶角就会出现周期性变化。在旋翼旋转一周中，每片桨叶的桨叶角随旋翼旋转所出现的由小到大，再由大到小的周期变化，称为桨叶的周期变距。由桨叶周期变距引起桨叶强制挥舞，能使旋翼锥体向驾驶杆的操纵方向倾斜，从而达到操纵的目的。

第三节
飞行原理与性能

一、直升机的力和力矩

飞行中的直升机，除自身重力之外，受到的空气动力和力矩主要有：旋翼、尾桨、平尾、垂尾、机身等产生的空气动力及其对直升机重心所构成的力矩，以及旋翼、尾桨的反转矩和桨毂力矩等。

（1）旋翼的力和力矩

由旋翼产生的力和力矩有：旋翼的气动力及其力矩、旋翼的反转矩和旋翼的桨毂力矩。

① 旋翼的气动力及其力矩。当直升机不带侧滑前飞时，旋翼的气动合力为R，其方向垂直于桨尖平面（D—D）。将旋翼气动合力R沿旋翼构造轴系各轴分解，可以看到三个分力：垂直于旋翼构造旋转平面（S—S）的分力叫旋翼拉力T_s（一般写作T），以指向上方为正；沿旋翼构造纵轴方向的分力叫旋翼纵向力H_s，以指向后方为正；沿旋翼的构造横轴方向上的分力叫旋翼侧向力S_s，以指向$\psi=90°$的（ψ为与主轴的夹角）方向为正。

由于旋翼拉力T、纵向力H_s和侧向力S_s的作用线，一般情况下都不通过直升机的重心，因此，对直升机重心会形成力矩，主要有三种：

a.拉力俯仰力矩TX_{Sj}。其中X_{Sj}是直升机重心至旋翼拉力作用线的距离，当重心位于拉力作用线前面时，拉力T对重心构成了俯力矩；当重心位于拉力作用线后面时，拉力T对重心构成上仰力矩。

b.纵向力俯仰力矩H_sY_{Sj}。其中Y_{Sj}是直升机重心至纵向力H_s作用线的距离，当H_s向前时，对直升机构成下俯力矩；当H_s向后时，对直升机构成上仰力矩。

c.侧向力滚转力矩S_sY_{Sj}。其中Y_{Sj}是直升机重心至侧向力作用线的距离，侧向力S_s向左，则构成左滚力矩；侧向力S_s向右，则构成右滚力矩。

需要注意的是，这里没有考虑旋翼前倾角的影响，并且认为直升机的重心位于机身对称面之内。

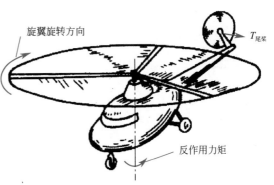

旋翼旋转方向

$T_{尾桨}$

反作用力矩

② 旋翼的反转矩 $M_{反}$。发动机带动旋翼旋转时，旋翼旋转阻力力矩 M_k 为发动机传递给旋翼轴的转矩所平衡。根据作用与反作用定律，在旋翼轴受到发动机转矩的同时必然也会受到同转矩大小相等、方向相反的反转矩，这就是旋翼的反转矩 $M_{反}$。旋翼的反转矩会迫使直升机向旋翼旋转的反方向偏转，旋翼反转矩的大小取决于发动机输出功率的大小。

③ 旋翼的桨毂力矩 $M_{x.gu}$（滚转力矩）和 $M_{z.gu}$（俯仰力矩）。具有水平铰外移量 L_{PJ} 的旋翼，当桨叶的周期挥舞使桨尖平面相对于旋翼构造平面出现倾斜时，会产生桨毂力矩。这是因为，桨叶做周期挥舞时，水平铰不能传递桨叶挥舞面内的弯矩，桨叶受到拉力 $T_{叶}$、惯性离心力 $F_{惯}$ 和重力 G 的共同作用，其作用线必定通过水平铰心。这样，就可把合力 F 作用线移至水平铰心上。于是，在水平铰处就出现了垂直于桨毂平面的分力，当桨尖平面同桨毂平面不平行时，作用于水平铰处的垂直于桨毂平面的分力就会对桨毂中心构成力矩。实际飞行中，桨尖平面一般要相对于桨毂平面向侧后方或侧前方倾斜，故而，桨毂力矩又可以分解成两个分量，一个是桨毂滚转力矩 $M_{x.gu}$；另一个是桨毂俯仰力矩 $M_{z.gu}$。

〔2〕尾桨的气动力和力矩

尾桨相当于一个无周期变距的小旋翼，其构造平面大都平行于机体纵向对称面，尾桨轴向铰用来改变桨距，从而改变尾桨拉力的大小及方向，水平铰用来保证直升机前飞时尾桨桨叶进行挥舞。尾桨的空气动力主要是指尾桨拉力 T_{wj}，尾桨拉力沿机体横轴的正向为正。由于尾桨桨叶也要进行挥舞，因此，也存在着尾桨的侧向力和尾桨的纵向力，但是这两个力一般都很小，可以忽略。

尾桨的气动力对直升机构成的力矩主要有：

① 尾桨的偏转力矩 M_{ywj}。

$$M_{ywj}=T_{wj}X_{wj}$$

其中，X_{wj} 是尾桨桨毂中心至直升机重心的纵向距离。尾桨偏转力矩主要用来平衡旋翼的反转矩，在有些场合也可以改变直升机的侧向平衡状态，其大小主要取决于尾桨拉力 T_{wj} 的大小。

② 尾桨的滚转力矩 M_{xwj}。

$$M_{xwj}=T_{wj}Y_{wj}$$

其中，Y_{wj} 是尾桨桨毂中心至直升机重心的法向距离。如果尾桨桨毂中心位于机体纵轴上，则 M_{xwj} 为零；如果尾桨桨毂中心位于直升机重心之下，则滚转力矩的方向是朝 $\psi=270°$ 方位的；如果尾桨桨毂中心高于直升机重心，则滚转力矩的方向是朝 $\psi=90°$ 方位的。

③ 尾桨的反转矩 $M_{wj反}$。同旋翼反转矩的产生原因相同，尾桨在旋转过程中，尾桨轴必然也要受到一个反转矩的作用，底部向前旋转的尾桨，其反转矩的方向是上仰的。一般来讲，尾桨反转矩的数值是比较小的。

〔3〕平尾的气动力及其力矩

大部分直升机的平尾安装在尾梁后部，有的直升机平尾安装在尾斜梁或垂尾上。安装角不能操纵的平尾，是固定平尾；安装角可以操纵的平尾，是可操纵平尾。对于固定平尾来说，飞行中平尾的迎角通常为负迎角，因此要产生向下的升力 Y_{pw}，这个向下的升力就要对直升机重心构成上仰力矩 M_{zpw}，$M_{zpw}=Y_{pw}X_{pw}$，其中，X_{pw} 是平尾距直升机重心的纵向距离。

（4）垂尾的气动力及其力矩

所有采用涵道尾桨的直升机都装有垂尾，一些普通尾桨的直升机也装有垂尾。一般垂尾都向 $\psi=90°$ 方位偏装一个角度，使直升机在前飞时，能产生一个侧力 Z_{cw}。这个侧力对重心构成偏转力矩 M_{ycw}，其方向同旋翼旋向一致，在大部分场合，可以对尾桨起到卸荷作用。

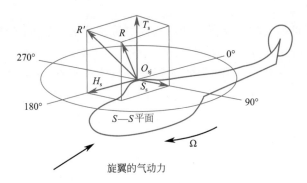

旋翼的气动力

（5）机身的气动力及其力矩

机身的气动力及其力矩，其大小和方向与机身的形状和飞行状态有关，实验证明，大部分直升机的机身，在小速度平飞状态，由于受旋翼尾流的影响，机身力矩 M_{zsh} 多为上仰力矩。而在大速度飞行时，因机身迎角为负，M_{zsh} 为下俯力矩，并随飞行速度的增大而增大。

二、旋翼的挥舞与摆振运动

直升机在前飞、后退飞行或侧飞中，旋翼各桨叶周向相对气流会出现明显的不对称现象。本节从研究这一运动特点入手，以直升机前飞为例分析桨叶的挥舞运动和摆振运动。研究桨叶的挥舞运动与摆振运动的目的，是为进一步分析直升机的稳定性、操纵性以及直升机的振动打下必要的基础。

（1）旋翼桨叶的周向相对气流

① 轴流状态下旋翼桨叶的周向相对气流。直升机在无风条件下做垂直升、降或悬停运动，都可以认为旋翼处于垂直飞行状态，也称轴流状态。

为了便于说明旋翼桨叶所在的位置，从上方俯视旋翼，以桨叶在直升机正后方为0°，顺旋转方向计算方位角，对于俯视顺时针旋翼直升机，桨叶在正左方为90°，正前方为180°，正右方为270°；对于俯视逆时针旋翼直升机，桨叶在正右方为90°，正前方为180°，正左方为270°。直-5、米-8、直-9、直-11等直升机，都为俯视顺时针旋翼直升机。而直-8、UH-60"黑鹰"直升机，都是俯视逆时针旋翼直升机。

在无风情况下，直升机在空中悬停或垂直升、降时，旋翼处在轴流状态下，桨叶各切面的周向气流速度 u 的大小，等于该切面的圆周速度，且不随方位角改变，即 $u=\Omega r$。

桨尖的周向气流速度最大，越靠近旋翼轴的桨叶切面周向气流速度越小，到旋转轴处为零。对桨叶某个切面来说，其周向气流速度是一定值，不随桨叶所处的方位角而改变。因此，在轴流状态下，旋翼桨叶的周向气流速度相对旋转中心是对称的。

② 前飞状态下旋翼桨叶的周向相对气流。直升机做前飞时，可以认为旋翼处在斜流状态。在此状态下，桨叶各切面的周向气流速度在不同的方位是不相同的。桨叶各切面的周向气流速度，是由旋翼转动和直升机前飞两种情况所引起的周向气流速度合成的。因此，它是

随桨叶转到不同方位而改变的。

设直升机前飞速度为v，旋翼迎角很小，则桨叶某一切面的周向气流速度u应为

$$u=\Omega r+\sin\psi$$

也可以写作：$u=\Omega r+\mu\Omega R\sin\psi$

式中，μ为前进比。

由此可见，直升机前飞时，旋翼桨叶的周向气流速度u，其大小随旋翼转速Ω，旋转半径r、飞行速度v和桨叶所在方位角ψ等因素而改变。

归纳起来，$\psi=0°\rightarrow90°\rightarrow180°$的前行桨叶区，桨叶各切面的周向气流速度在$r$的基础上均增加$v\sin\psi$，当$\psi=90°$时，桨叶各切面的周向气流速度值最大；而在$\psi=180°\rightarrow$ $270°\rightarrow360°$的后行桨叶区，桨叶各切面的周向气流速度在r的基础上均减小$V\sin\psi$，当$\psi=270°$时，桨叶各切面的周向气流速度最小。

必须指出，桨叶切面的周向气流速度不仅要随方位角的不同而变化，而且在不同半径处，桨叶切面的周向气流速度也是不同的。由于越靠近桨根处周向相对气流速度越小，这样，在桨叶从$180°$方位转到$360°$方位的过程中，由于前飞所引起的相对气流速度，在靠近桨根的某个区域内，将会大于因旋翼旋转所产生的相对气流速度。在这个区域内，周向气流不是由桨叶前缘流向桨叶后缘，而是由桨叶后缘流向桨叶前缘。这种反向流动的气流叫作"反流"。旋翼上存在反流的区域叫"反流区"。

在反流区边界上，桨叶切面的周向气流速度为零，根据这个条件可以确定反流区范围及边界为：

$$u=\Omega r+v\sin\psi\leqslant0$$
$$r\leqslant-v\sin\psi/\Omega$$
$$r\leqslant-\mu R\sin\psi$$

上式表明，反流区的区域是一个以极坐标（μ，r）表示的直径为V/Ω（或μR）的圆。事实上，取$\psi=270°$，$\sin\psi=-1$时，求得的r值，即为旋翼反流区的直径d。于是$d=V/\Omega=\mu R$。

反流区越大，表明旋翼相对气流的不对称性越严重。反流区的大小同飞行速度和旋翼转速有关，前飞速度一定时，转速越大，反流区越小；转速一定时，前飞速度越大，反流区越大。如果反流区超过允许范围，旋翼拉力将降低。所以，直升机的最大允许速度受反流区的限制。

〔2〕旋翼的水平铰与桨叶的自然挥舞运动

① 旋翼水平铰的作用。直升机前飞时，由于旋翼周向气流不对称，在周向气流速度大的一边，桨叶产生的拉力大；在周向气流速度小的一边，桨叶产生的拉力小。这样，就造成了旋翼左右两边拉力不对称。如果旋翼的桨叶与桨毂采用刚性连接，就会形成较大的横侧不平衡力矩，迫使直升机向一侧翻倒。此外，没有水平铰的旋翼，桨叶拉力会使桨叶根部受到很大的弯矩，桨叶拉力发生周期性变化，也会使桨叶根部受到的弯矩发生周期性变化，桨叶在这种交变弯矩作用下，很容易疲劳损坏。

为了克服上述缺陷，最简便的方法就是采用具有水平铰的旋翼。具有水平铰的旋翼，当桨叶的周向气流速度增大，拉力因而增大时，桨叶可绕水平铰向上挥舞；而当周向气流速度减小，拉力减小时，桨叶可绕水平铰向下挥舞，故而，水平铰又称为挥舞铰。在桨叶挥舞中所引起的桨叶迎角改变，又会使桨叶的拉力发生变化，这样，将引起旋翼拉力的再分

布，从而减轻了拉力不对称的程度。在方位角0°～180°范围内，因周向气流速度均有不同程度的增大，所以，桨叶是向上挥舞的。由于桨叶向上挥舞，便产生自上而下的挥舞相对气流，这会使桨叶迎角减小，拉力减小，且向上挥舞速度越大，桨叶迎角减小得越多，拉力减小得越多。同理，桨叶从方位角180°转到360°时，桨叶因周向气流减小而拉力减小。与此同时，桨叶绕水平铰向下挥舞。由此产生的挥舞相对气流，又使桨叶迎角增大，拉力增大。这样一来，桨叶通过上下挥舞，自动调整了本身拉力，使拉力大致保持不变，拉力不对称也就消除了。通常把这种不是因操纵而引起的桨叶挥舞运动，叫作桨叶的自然挥舞运动。

此外，因水平铰不能传递挥舞面内的弯矩，这样，桨叶拉力形成的弯矩在水平铰处变为零。因此，采用水平铰能大大提高桨叶的抗疲劳强度，并因而减轻桨叶的结构重量。必须指出，不带水平铰的旋翼，其挥舞运动是通过其他方式实现的，道理同水平铰是一样的。

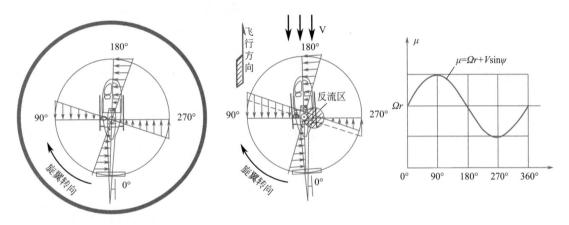

② 轴流状态下桨叶的自然挥舞运动。

a.桨叶在挥舞平面上的受力与旋翼锥角的形成。旋翼不旋转时，桨叶受本身重力的作用而下垂。直升机在垂直飞行状态（轴流状态），每片桨叶受到的作用力，除桨叶自身重力外，还有桨叶的拉力和惯性离心力。桨叶重力$G_{叶}$垂直于地面，它对水平铰形成的力矩使桨叶下垂。桨叶拉力$T_{叶}$垂直于桨叶的轴线，它对水平铰构成的力矩，要把桨叶举起。惯性离心力$F_{惯}$作用在桨叶重心上，其作用线垂直于旋转轴，它对水平铰所形成力矩，力图保持桨叶做水平转动。因为桨叶拉力比重力大得多，所以，桨叶在三个力矩作用下，会平衡在上扬的某一个位置上。桨叶自桨毂旋转平面扬起的角度，用a_0表示。由于桨叶的惯性离心力很大，因此，a_0实际并不大，一般为3°～10°。

在轴流状态下，由于旋翼周向气流是对称的，每片桨叶在旋转一周中，拉力和惯性离心力不变，因此，桨叶在各个方位向上扬起的角度a_0均相同。

此时的角度a_0就是桨叶在各方位的挥舞角β。旋翼桨叶的这种挥舞形式，称为"均匀挥舞"。

既然轴流状态下各片桨叶的挥舞角相同，即$\beta=a_0$，那么旋翼的旋转轨迹应是一个倒置圆锥，a_0称为旋翼锥度或旋翼锥角，锥形轨迹称为旋翼锥体，桨尖轨迹圆是旋翼锥体的底面。

b.轴流状态下的旋翼拉力。如上所述，直升机在轴流状态下，旋翼每片桨叶所受到的力有：桨叶拉力$T_{叶}$、桨叶重力$G_{叶}$和惯性离心力$F_{惯}$。当这些力对水平铰构成的力矩取得平衡时，桨叶自旋转平面向上扬起，并形成一个锥角a_0。根据力学原理，桨叶拉力$T_{叶}$、重力

$G_叶$和惯性离心力$F_惯$的合力$F_叶$，其作用线必须通过水平铰并使桨叶形成一定的锥角a_0。将桨叶合力$F_叶$按平行四边形法则相加，就可得到旋翼形成锥体时的旋翼拉力T。旋翼拉力的方向垂直于桨毂旋转平面或者说平行于旋翼的旋转轴。此时的旋翼拉力T也垂直于桨尖平面（D—D平面）。

③ 前飞状态下桨叶的自然挥舞运动。直升机前飞时，桨叶要做有规律的自然挥舞，而这种挥舞运动是由不同原因引起的。了解桨叶挥舞运动的原因及特点，对于理解直升机的操纵原理是很有必要的。

a.旋翼锥体的后倒角a_1。直升机前飞时，旋翼桨叶周向气流速度的周期性变化引起桨叶挥舞。当桨叶由0°向90°方位转动时，周向气流速度由基准值Ωr不断增大，其增量为$v\sin\psi$，促使桨叶拉力增大，且向上挥舞，并在上挥过程中，使上挥速度和挥舞角不断增大。至$\psi=90°$方位时，$v\sin\psi$开始减小，上挥速度也由最大值开始减小，而桨叶也就以逐渐减小的速度继续上挥。直至$\psi=180°$方位，周向气流速度恢复至基准值，上挥速度也减小至零，桨叶在该处上挥至最高位置，挥舞角β达到最大。当桨叶转过180°方位以后，周向气流速度由基准值继续减小，桨叶由最高位置开始下挥。与前行桨叶上挥过程的分析相似，后行桨叶在270°方位，下挥速度最大。在360°方位，桨叶的下挥速度减小到零，桨叶下挥至最低位置，即挥舞角β达到最小值。

综上所述，直升机前飞时，旋翼每转一周，桨叶挥舞速度和挥舞角分别出现一次周期性变化。桨叶在90°方位时上挥舞速度最大，在270°方位时下挥舞速度最大；桨叶在180°方位时挥舞最高，在360°方位时挥舞最低。挥舞角的变化比挥舞速度的变化滞后90°。直升机在前飞中，由于周向气流不对称，桨叶自然挥舞的结果，使旋翼锥体向后倾斜了一个角度，这时旋翼的锥体轴线与旋翼轴线不再重合，二者的夹角称为旋翼锥体的后倒角。后倒角用a_1来表示。前飞速度越大，旋翼周向气流不对称越严重，旋翼锥体后倒角a_1也越大。

b.旋翼锥体的侧倒角b_1。

• 由桨叶"上反效应"引起的侧倒角。直升机前飞时，由于旋翼锥体的存在，在旋翼的前半圆$\psi=180°\to270°\to360°$方位内，相对气流自下而上吹响桨叶，使桨叶迎角增大；在后半圆$\psi=270°\to0°\to90°$方位内，是自上而下吹响桨叶，使桨叶迎角减小，而且，其迎角变化量随方位角变化呈周期性变化。桨叶迎角的周期性变化（即"上反效应"）又将引起桨叶的挥舞，在180°方位，桨叶迎角增加量$\Delta\alpha$最大，力图使桨叶向上挥舞，且上挥速度也达到最大；至270°方位，$\Delta\alpha$为零；0°方位，桨叶的迎角减小量$-\Delta\alpha$最大，桨叶迎角减小最多，下挥速度达到最大；在90°方位，$\Delta\alpha$为零。由桨叶的"上反效应"引起的挥舞角也滞后挥舞速度90°相位，这样一来，由此原因引起的桨叶挥舞结果是，在270°方位桨叶上挥位置最高，在90°方位桨叶下挥位置最低。旋翼锥体向90°方位倾斜一个角度。

• 桨叶的挥舞调节作用对侧倒角的影响。许多直升机的旋翼具有这样的构造特点，当它的桨叶上挥时，变距拉杆拉住变距摇臂使桨叶角减小；桨叶下挥时，变距拉杆顶住变距摇臂使桨叶角增大。桨叶角的大小随桨叶挥舞角的改变而变化的这一特点，称为桨叶的挥舞调节。

桨叶具有挥舞调节作用是由旋翼的构造特点决定的。桨叶变距摇臂与变距拉杆的连接点A位于水平铰轴线之外。设点A离水平铰轴线距离为b，离轴向铰轴线的距离为a，像这样的旋翼结构就具有挥舞调节作用。例如，桨叶向上挥舞时，由于桨叶绕水平铰向上抬起，A点也要向上运动，但只要操纵机构不动，A点就不可能向上移动。其结果必然是变距拉杆要拉着桨叶变距摇臂绕轴向铰转动，使桨叶迎角减小。同理，桨叶向下挥舞时，由于A点位置不变，变距拉杆要顶住变距摇臂使桨叶迎角变大。桨叶挥舞调节作用的大小，可用挥舞调节系数 K 来衡量：

$$K=-\Delta\varphi/\Delta\beta=b/a$$

式中，$\Delta\beta$ 为挥舞角变化量；$\Delta\varphi$ 为桨叶角变化量，在来流角一定的情况下，也是桨叶迎角变化量。从这个式子可以看出，在 a 值一定时，b 值越大，桨叶的挥舞调节作用越强；反之则越弱。

前面已知，直升机前飞时，由于旋翼周向气流不对称而造成旋翼锥体后倾，在180°方位，桨叶上挥角度最大，而在0°方位下挥角度最大。由于桨叶挥舞调节作用的存在，桨叶在180°方位，迎角减小量最多，桨叶拉力也减小最多，向下的挥舞加速度最大；桨叶在0°方位，迎角增加最多，向上的挥舞加速度最大。挥舞角的变化总是滞后挥舞加速度90°相

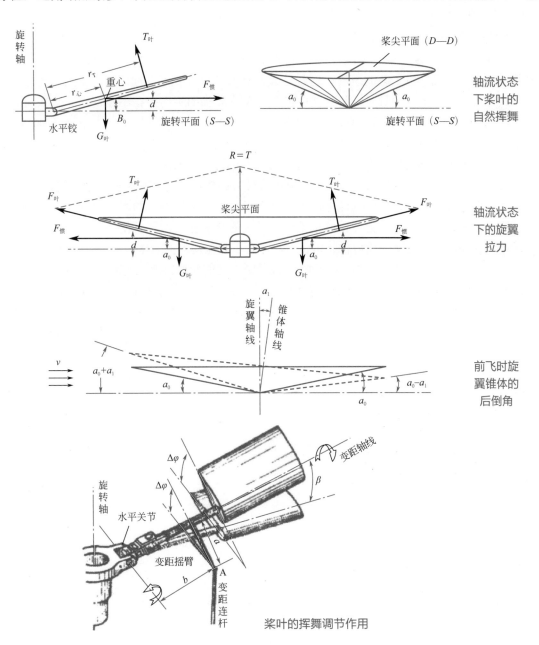

桨叶的挥舞调节作用

位，这样一来，由于桨叶挥舞调节的作用，桨叶在270°方位挥舞位置最低，在90°方位挥舞位置最高。总之，由于桨叶的挥舞调节作用，旋翼锥体向270°方位倾斜一个角度。

综上所述，直升机在前飞中，由于桨叶"上反效应"而引起锥体向90°方位侧倒，由于桨叶的挥舞调节作用而引起旋翼锥体向270°方位侧倒。这两个因素对旋翼锥体侧倒方向的影响是相反的，旋翼锥体最终的侧倒方向，取决于这两个因素的综合影响，一般直升机的旋翼锥体都是向270°方位侧倒。并且我们规定旋翼锥体轴在侧向与旋翼轴之间的夹角为旋翼锥体的侧倒角 b_1。

c.前飞中旋翼锥体的倾斜方向。根据前面对旋翼锥体后倒角和侧倒角的分析可知，直升机前飞时，旋翼锥体要向侧后方倾斜，通常，对于俯视顺时针旋翼直升机来说，要向右后方倾斜；对于俯视逆时针旋翼直升机来说，要向左后方倾斜。这时，桨叶挥舞的最低点则在310°～330°方位上。

（3） 旋翼的垂直铰与桨叶的摆振运动

① 科氏力的产生和危害。旋翼采用水平铰，解决了前飞时旋翼出现的拉力不对称和交变弯矩问题，但又产生了新的矛盾，这就是桨叶绕水平铰上下挥舞时，还会受到科氏力的作用。桨叶绕水平铰上下挥舞时，每片桨叶的重心至旋翼轴的距离都在不断变化。桨叶向上挥舞时，桨叶重心至旋翼轴的距离减小；向下挥舞时，距离增大。这样桨叶上下挥舞时，桨叶重心就有了径向速度，必定要受到科氏力的作用。当桨叶向上挥舞时，桨叶重心内移，在桨叶上会产生一个与旋翼旋转方向相同的科氏力，力求使桨叶加速旋转。桨叶向下挥舞时，桨叶重心外移，桨叶受到的科氏力方向与旋翼的旋转方向相反，力求使桨叶减速旋转。

直升机前飞时，旋翼周向气流速度不对称会引起桨叶空气阻力的周期性变化，再加上科氏力这个交变力的作用，就会使桨叶根部受到很大的交变弯矩，容易使桨叶因材料疲劳而提前损坏。此外，过大的交变载荷传到机体上，还会引起振动的显著增大。

② 垂直铰的作用与桨叶的摆振运动。在疲劳强度高的新材料出现之前，要解决这个问题，就需要增大桨叶与桨毂连接处的截面，从而使旋翼的结构变得十分笨重。解决上述问题的有效方法之一，就是在旋翼上设置垂直铰，使桨叶可以在旋转面内绕垂直铰前后摆动，进而使旋转平面内的各种交变弯矩减小到零，改善桨叶的受力情况，结构重量和振动也相应地减轻了。

桨叶绕垂直铰的前后摆动，就称为桨叶的摆振运动。桨叶上挥时，科氏力欲使桨叶加速旋转，桨叶可绕垂直铰向前摆动一个角度；当桨叶下挥时，科氏力欲使桨叶减速旋转，桨叶可绕垂直铰向后摆动一个角度。

需指出的是，如果桨叶绕垂直铰的摆振角过大，就会使旋翼重心过多地偏离桨毂中心，由此产生不平衡的惯性离心力会引起直升机振动。某些情况下，还会使直升机发生地面共振。为了防止桨叶绕垂直铰摆动过大而引起直升机振动，大部分直升机都在垂直铰上设置有减摆器和限动块，将桨叶的摆振角限制在一个很小的范围内。另外，没有垂直铰的旋翼，也存在着摆振运动，其桨叶的摆振运动大都是靠其他方式实现的。

三、地面效应

1. 地面效应的概念

直升机的地面效应（简称地效），是指直升机在接近地面的高度工作时，被旋翼排向地面的气流受到地面的阻力，从而影响旋翼空气动力的一种现象。

　　旋翼向下排压的气流受到地面阻挡，旋翼下方的静压增大，诱导速度减小，在保持拉力相同的条件下所需功率减小，或在保持功率不变的条件下拉力增加。

2. 影响地面效应的因素

（1）高度

　　悬停时，离地高度愈低，气流受到地面的阻挡作用愈强，地面效应也就愈显著。衡量地面效应的强度时，常用 H/D（H：旋翼离地高度；D：旋翼直径）作为计算条件。理论分析和飞行试验证明，当 $H/D=0.2$ 时，地效增升的幅度约为30%；当 $H/D=0.35$ 时，增升幅度约为30%；当 $H/D=0.50$ 时，增升幅度约为10%；当 $H/D \geqslant 1$，即旋翼离地高度等于或大于旋翼直径时，地面效应就基本消失了。

　　地面效应的强弱还与海拔高度有关，海拔高度越高，空气越稀薄，密度越小，地面效应也就越弱。

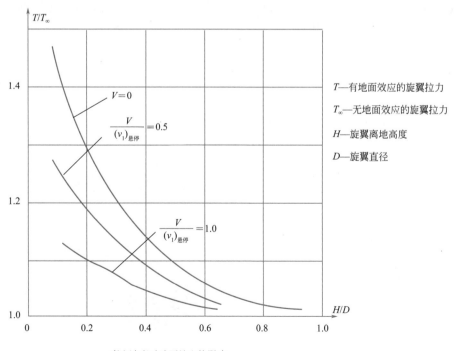

真实速度对地面效应的影响

（2）飞行速度和风

地面效应的强弱与飞行速度有很大关系，飞行速度增大，地面效应减弱，当飞行速度超过悬停诱导速度的1.5倍时，地面效应就可以忽略不计了。

同样的道理，当直升机在有风条件下作地效悬停，风速增大时，地面效应会减弱。

（3）地表环境

地面效应与直升机工作时的地表环境也有关系。例如，直升机在山上、水面上或长得很高的草地上空工作时，地面效应要比在陆上或坚实地面上空弱。

3.地面效应对飞行的影响

直升机做有地效飞行时，由于地面效应的影响，在保持拉力不变的条件下所需功率要减小，在保持功率不变的条件下拉力要增加。另外，在保持拉力不变时，由于所需功率减小，直升机剩余功率增加，因而直升机有地效悬停升限高于无地效悬停升限。一般情况下，直升机在大载重条件下，做悬停是很困难的，但若尽量利用地面效应做临近地面的悬停，因剩余功率增加，则比较安全。

地面效应区，直升机的气动力并不是很稳定。由于旋翼尾流实际上是由脉动气流组成的，因此地面效应带来的增升效果也会有脉动的成分。而且在方向上会有不规则的变化。特别是在低高度，这种脉动往往造成直升机在小范围内移位或飘摆。

由于地面效应，直升机在近地悬停或前飞中，旋翼都会得到有利影响。当直升机在地面附近从悬停转入前飞时，与远离地面一样，所需功率总是减小的。但是当飞行高度约小于旋翼半径时，直升机从悬停到前飞的过渡飞行期间，所需功率可能不是减小，而是增加的，即在保持功率不变的情况下，旋翼拉力是减小的。地面效应的减弱是直升机超越了地面涡的缘故，当旋翼前缘接近地面涡时，入流增加，相当于旋翼的一部分处于爬升中，从而增加了需用功率。一旦地面涡通过旋翼下方，入流又突然恢复到接近正常的状态。

由于直升机飞行高度低，执行任务过程中经常需要在不同的地表环境做贴地飞行，因此，地面效应的影响是不容忽视的。

四、直升机的运动

直升机在空中有六个自由度，即沿X（纵轴）、Y（立轴）、Z（横轴）三个轴的移动和绕这三个轴的转动，如下图所示。在正常飞行时，直升机处于一种平衡状态，作用在它上面的力和力矩之和应该等于零。

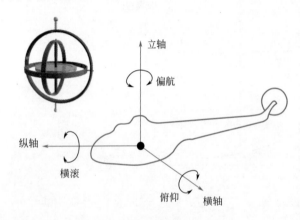

操纵就是改变作用在直升机上的力和力矩，即打破原来的平衡状态，建立新的平衡状态。

若要改变直升机的飞行状态，必须对它进行操纵。所谓操纵，就是改变作用在直升机上的力和力矩，即打破原来的平衡状态，建立新的平衡状态。以单旋翼直升机为例，要使直升机沿 Y 轴运动，就必须改变旋翼拉力的大小，当拉力大于直升机的重量时，直升机就上升；反之，直升机则下降。直升机的纵向运动是通过改变旋翼拉力的方向来实现的，当拉力前倾时，产生向前的分力，直升机向前运动，同时拉力还对直升机作用一个俯仰力矩，使直升机绕横轴低头转动；当拉力后倾时，直升机向后运动，并绕横轴抬头转动。同理，控制拉力的横向倾斜，可以实现直升机的横向移动和滚转运动。单旋翼直升机的航向是通过改变尾桨的推力（或拉力）来操纵的，当改变尾桨推力（或拉力）的大小时，尾桨推力（或拉力）对直升机重心的力矩与旋翼反转矩不再处于平衡状态，直升机就绕 Y 轴转动，改变直升机的航向。

五、直升机的操纵模式

直升机的操纵性是指直升机在空中以相应的运动响应驾驶员操纵杆、舵、油门的能力，即飞行员实施操纵后，直升机的飞行状态跟着改变而建立新的平衡状态的反应性。一般来说，稳定性强的直升机，稳定力矩较大，改变飞行状态需要的操纵行程必然要大；反之，稳定性弱的直升机，稳定力矩较小，改变飞行状态需要的操纵行程小，甚至过于灵敏，如果阻尼太小的话，直升机就不易稳定在新的飞行状态。因此，直升机的操纵性和稳定性要兼顾。

1. 总距操纵

旋翼转动时，通过与桨毂相连的拔杆旋转环及变距拉杆一起转动，上提变距杆时，滑筒沿导筒向上滑动，带动内、外环和旋转环一齐向上移动，通过变距传动杆使桨叶角增大，旋翼拉力增大。反之，下放变距杆时，桨距变小，旋翼拉力减小。桨距的改变，不仅改变了旋翼拉力的大小，同时也要求发动机输出功率相应改变。因此，在构造上常将油门杆与变距杆连在一起，称为总距杆。这样，在上提总距杆增大桨距的同时，发动机输出功率也相应增大；下放总距杆减小桨距时，发动机功率相应减小。旋翼气动合力 R 在旋翼转轴方向的分力 T 就是旋翼拉力。只要气动合力 R 的大小变化，则旋翼拉力 T 也发生变化。改变旋翼拉力大小有两种方法：一是操纵总距杆，改变所有桨叶的桨叶迎角；二是操纵油门环，改变旋翼转速。

〔1〕操纵总距杆

上提总距杆时，旋翼所有桨叶的桨叶角同时增大（即总距增大），使桨叶迎角增大，升力系数增大，故旋翼气动合力 R 增大，旋翼拉力 T 随之增大。反之，下放总距杆时，所有桨叶的桨叶角同时减小（即总距减小），桨叶迎角减小，旋翼拉力就减小。

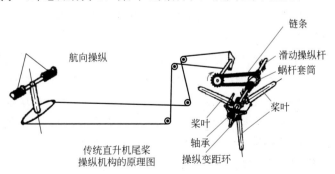

传统直升机尾桨
操纵机构的原理图

〔2〕操纵油门环

为了让飞行员在某些情况下不改变旋翼桨叶角而能单独调节旋翼转速，米-8等直升机在总距杆上还装有油门环，它只与发动机油门连接。转动油门环可以单独调节发动机功率和旋翼转速，以达到改变旋翼拉力的目的。直-9直升机的总距杆上没有油门环，但装有一个控制开关，通过电传动装置来单独调节发动机功率和旋翼转速。

2. 周期变距

操纵驾驶杆，通过传动杆、摇臂的传动，能使旋转环随同内环向需要的方向倾斜。旋转环随同内环倾斜后，随着旋翼转动，各片桨叶的桨叶角就会出现周期性变化。在旋翼旋转一周中，每片桨叶的桨叶角随旋翼旋转所出现的由小到大，再由大到小的周期变化，称为桨叶的周期变距。由桨叶周期变距引起桨叶强制挥舞，能使旋翼锥体向驾驶杆的操纵方向倾斜，从而达到操纵的目的。

改变旋翼锥体方向，是通过驾驶杆操纵自动倾斜器外环带动旋转环倾斜，使桨叶周期变距，从而引起桨叶强制挥舞来实现的。我们把自动倾斜器倾斜盘所在的平面称为操纵平面（也叫$C—C$平面）。按照操纵习惯，驾驶杆向某一方向移动，旋翼桨尖平面（$D—D$平面）也应随之向一方倾斜。但是，对于大部分直升机来说，操纵驾驶杆自动倾斜器的操纵平面倾斜后，因出现周期变距，桨尖平面也会跟着倾斜，但两者的倾斜方向并不相同，即锥体倾斜方向与驾驶杆移动方向不一致，不符合操纵习惯。要使旋翼锥体（或桨尖平面）按照驾驶杆移动方向倾斜，就必然使自动倾斜器的纵向或横向摇臂带动操纵平面提前于桨尖平面的倾斜方位一个角度（一般约为90°）而倾斜。这样，前推驾驶杆时，旋翼锥体前倾；后拉驾驶杆时，旋翼锥体向后倾斜；左、右压杆时，旋翼锥体向压杆方向倾斜；以此来改变旋翼气动合力R的方向。当气动合力R的方向改变后，必然引起旋翼拉力T、纵向力H、侧向力S的改变，并且对直升机重心构成力矩，改变直升机的状态，进而达到操纵目的。

3. 航向操纵

早期直升机尾桨操纵机构主要由钢索、链条、链轮、滑动操纵杆、操纵变距环等组成。当操纵脚蹬时，通过钢索、链条、链轮、蜗轮，可使桨距操纵杆带着三叉头伸缩，于是桨距拉杆便改变尾桨的桨距使尾桨拉力变化，从而达到操纵直升机绕立轴转动的目的。

4. 无人直升机的操纵

无人直升机的操纵系统设计包括操纵系统方案设计、部件结构设计和舵机选择等。在人工遥控状态下，无人直升机驾驶员通过操纵遥控器向机载接收机发送遥控指令，各个舵机接收指令控制自动倾斜器运动，通过操纵杆系改变直升机旋翼的桨距变化，最终保持和改变无人直升机的飞行状态。在自主飞行状态，机载计算机接收直升机各传感器的姿态、位置和速度等信息，通过处理和解耦计算并结合预定程序，得到舵机控制指令，实现无人直升机的自主悬停或按航线的程序飞行。

小型无人直升机的操纵系统一般有以下两种设计方案：

① 总距、纵向、横向及航向操纵通道互相独立。此方案中各个操纵通道互相独立，互不干涉。各个通道与一个舵机相连接，实现一个通道控制一个舵机。该方案原理简单，各通道独立无须电子解耦，是早期小型航空模型直升机和小型无人直升机采用的方案。2000年研制生产并试飞成功的M22小型共轴式无人直升机采用该设计方案。仍使用此方案的小型无人直升机主要通过改进舵机的受力方式（采用双连杆输出转矩方案）、增加单个通道的舵机数量

来降低单个舵机的工作负荷，提高操纵系统的可靠性。

② 总距与纵向、横向操纵运动协调工作，航向通道独立。此方案在小型航空模型中称为直升机桨距混控（Collective Cyclic Pitching Mixing，CCPM）系统。该系统采用三到四个纵横向舵机共同驱动控制自动倾斜器的上下和倾斜运动，实现直升机的总距、纵向和横向的操纵，而航向通道单独控制一个航向舵机。由于操纵系统机械结构简单，重量较轻，单个舵机的工作负荷较小，系统可靠性增加。目前该方案被小型航空模型直升机和小型无人直升机广泛采用。

本节研究的小型无人直升机为共轴双旋翼结构形式，其操纵系统设计与普通的单旋翼带尾桨直升机有所不同，主要区别在航向通道操纵的设计上，以FH1与M22型号操纵系统为例，提出了以下操纵系统方案：

① 采用CCPM系统方案，使用多个纵横向舵机，通过遥控器程序设置或电子解耦，控制上、下自动倾斜器的运动，实现直升机旋翼桨叶总距和周期变距的变化。纵横向舵机的位置布置与机身、减速器协调，通过舵机支架固定于直升机减速器上，舵机支架与舵机采用橡胶减振器连接。上下自动倾斜器通过操纵拉杆连接，保证上下倾斜器的倾斜和上下运动同步，以实现上下旋翼同步操纵，同相挥舞。

② 航向操纵采用半差动操纵方式，即航向通道控制一个航向舵机，经航向杠杆、航向滑环、撑杆等操纵杆系统穿过下自动倾斜器，从而通过机械混合装置控制下旋翼桨距的变化，实现航向差动变距的操纵。

以上方案采用了CCPM系统和半差动航向操纵方式，简化了总距与纵横向操纵的机械解耦结构，减轻了操纵系统重量，总距、纵向和横向操纵运动均由其中的多个舵机协同控制，减小了单个舵机的工作负荷，提高了系统的可靠性。

（1）总距、纵横向操纵系统设计

CCPM系统有多种方案可供选择，确定方案之后需要在遥控器中的器械类型项进行对应的设置，遥控器无设置的要在机载计算机中编写相应的程序进行电子解耦。市场上的中级遥控器一般支持CCPM系统的类型。

下图中H-1为传统的独立控制型式，原M22采用这种型式控制；HE3型式由三个舵机（PIT总距、AIL横向和EIE纵向舵机）控制，其中PIT和AIL舵机共同操纵横向，只有ELE舵机单独操纵纵向，因此纵向操纵余度较低，FH1原型机采用了这种型式；HR3为小型无人直升机和航空模型直升机采用最为广泛的型式，三个舵机呈120°分布，三个舵机的运动共同控制自动倾斜器；H-3与HR3类似，其舵机分布便于机械结构的设计和安装。

H-4和H4X均采用了四个纵横向舵机，四个舵机呈90°或45°分布，是小型无人直升机采用的重要型式，相对HR3、H-3和HE3系统舵机负荷更小。考虑原FH1原型机采用的HE3型式，在其基础上增加一个纵向舵机，选择H-4型式进行舵机操纵系统的设计。

（2）航向操纵系统设计

共轴式无人直升机的航向操纵系统有两种方案，即半差动操纵方案和全差动操纵方案；由于全差动航向操纵原理复杂，零部件较多，对空间和结构要求较高，造成重量较大，因此一般小型共轴式无人直升机多采用半差动航向操纵方案。

半差动航向操纵系统通过改变一副旋翼（上旋翼或者下旋翼）的桨距，使得两副旋翼产生了转矩差，从而实现航向的操纵和控制。由于只改变一副旋翼的桨距，在改变转矩的同

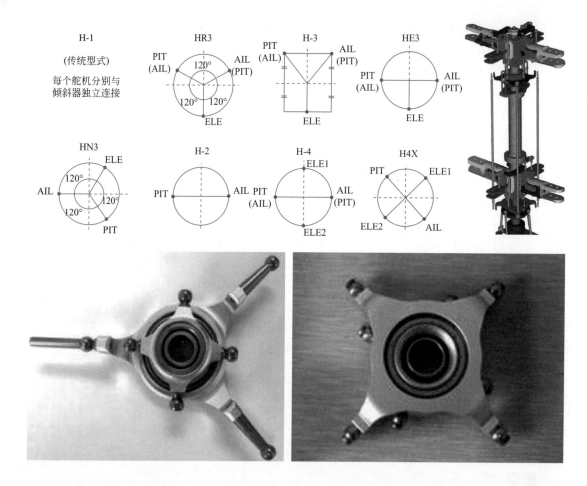

时，旋翼系统的总升力发生了改变，导致在航向操纵时，直升机的高度发生变化，这时需要无人机驾驶员在总距通道进行补偿操纵，以保持直升机的高度。

这种操纵方式实际上造成了总距和航向的耦合，为了减小并抵消这种耦合，通过实验和飞行控制计算机的解耦，可以初步解决这种航向操纵方式造成的不利问题。总体来说，这种操纵方式结构简单、重量轻，在小型共轴式无人直升机上容易实现，并利用软件补偿硬件的不足，在FH1早期型号的试飞和实验中，效果良好。

〔3〕自动倾斜器的设计

小型共轴式无人直升机采用球铰式自动倾斜器结构，设计了上自动倾斜器和下自动倾斜器，分别用于与上、下旋翼系统和操纵系统连接。上、下自动倾斜器结构类似，主要由球铰、内环、外环、轴承和扭力臂组成。

下自动倾斜器的运动由纵横向舵机通过舵机拉杆控制，球铰内环嵌套于轴套上，可以上下运动，内环有七个接头连接下旋翼桨距拉杆和连接拉杆控制拉杆，并随外轴一同旋转，外环受扭力臂限制不能旋转；由于上自动倾斜器的力的传递，该倾斜器的轴承校核需要考虑上下旋翼铰链力矩的共同作用。

上自动倾斜器的运动通过操纵杆受下自动倾斜器控制，球铰内环嵌套于内轴上，内环有四个接头连接上旋翼拉杆和伺服小翼拉杆，并随内轴一同旋转，因此上自动倾斜器的轴承转速为旋翼转速的两倍，轴承所受的载荷只需要考虑上旋翼桨叶的铰链力矩。

六、直升机的飞行性能

1. 悬停

直升机在一定高度上保持航向、位置不变的飞行状态叫作悬停。悬停是直升机特有的飞行方式之一，其目的是检查直升机的重心、发送机和旋翼工作情况，为起飞增速或垂直着陆作准备，或进行特种作业。

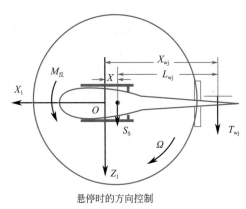

悬停时的方向控制

【1】平衡条件

① 悬停时的俯仰平衡条件。悬停时直升机取得俯仰平衡，悬停高度应保持不变，不出现前后移动。作用于直升机上的有关力和力矩相对于机体轴系而言，应满足下列条件：

$$\sum F_x=0 \rightarrow H_s-G\sin\theta=0$$
$$\sum F_y=0 \rightarrow T-G\cos\theta\cos\gamma=0$$
$$\sum F_z=0 \rightarrow TX-H_sY_{sj}-M_{z^*gu}+M_{z^*其他}=0$$

式中，F_x 为旋翼纵向力；H_s 为旋翼拉力相对于重心的力臂；$M_{z^*其他}$ 为机身、平尾的俯仰气动力矩（M_{z^*sh}、M_{z^*pw}）与尾桨反转矩（M_{z^*wj}）之和，即

$$M_{z^*其他}=M_{z^*sh}+M_{z^*pw}+M_{z^*wj}$$

需要注意的是，此式没有考虑旋翼前倾角的影响。

② 悬停时的方向平衡条件。直升机在无风稳定悬停时，为了取得方向平衡，绕立轴各偏转力矩之和应为零，即 $\sum M_y=0 \rightarrow T_{wj}X_{wj}+S_sX-M_{反}=0$。

近似计算时，可以忽略旋翼侧向力形成的偏转力矩 S_sX。从上式可知，尾桨拉力产生的偏转力矩是为了平衡旋翼反转矩的。

③ 悬停时的横侧平衡条件。悬停中，直升机要取得横侧平衡，应保持侧向力和滚转力矩的平衡，使直升机不出现侧向移位和滚转。直升机的横侧平衡条件如下：

$$\sum F_z=0 \rightarrow T_{wj}-S_s+G\cos\theta\cos\gamma=0$$
$$\sum M_y=0 \rightarrow T_{wj}X_{wj}-TZ-S_sY_{sj}-M_{x^*gu}=0$$

式中，M_{x^*gu} 为桨毂力矩，水平铰外移量不大的旋翼，其大小可以忽略。一般直升机尾桨的安装位置都是高于直升机重心的，所以尾桨拉力对重心构成滚转力矩。如果直升机重心在旋翼轴线上，则旋翼拉力 T 不对重心构成滚转力矩，即 $TZ=0$。

【2】影响悬停的因素

① 地面效应的影响。悬停时，离地高度越低，气流受到地面的阻挡作用越强，地面效应也就越显著。一般来说，当旋翼离地高度超过旋翼直径的长度时，地面效应基本消失。训练飞行中，有地效悬停高度取 2～5m，无地效悬停高度取 100～150m。地面效应的强弱还与海拔高度有关，海拔高度高，空气密度小，地面效应随之减弱。

一般情况下，直升机在做大载重飞行时，做悬停是很困难的，但若尽量利用地面效应做临近地面的悬停，因剩余功率增加，则比较安全。

地面效应不仅能使旋翼所需功率减小，还能显著地提高直升机的稳定性。这是因为，当

直升机在地面效应范围内悬停时，如果由于外界干扰发生了倾斜，这时桨盘也要跟着倾斜，其降低部分因离地面近，产生拉力大；而抬起部分因离地面远，产生拉力小，从而形成稳定力矩，使直升机自动恢复平衡。此外，直升机在地效范围内悬停，由于地面效应的作用，具有自动保持高度的趋势。例如，直升机因受扰动而高度降低时，桨盘距地面距离缩短，桨盘下方的压力增大，这样就会产生一个向上的附加拉力，力图使直升机恢复到原来的高度。地面效应的这两种影响，是飞行员做好悬停的有利条件。

② 风的影响。

a.逆风悬停。逆风中悬停，直升机会以与风速相同的速度向后移位，为了保持位置，应向前迎杆，直升机产生俯角，旋翼桨盘前倾，使直升机产生与风速相等的前飞速度，因而旋翼的诱导速度减小，悬停所需功率也随之减小；同时，由于直升机的方向安定性增强，容易保持方向。在有风的情况下，应尽量采用逆风悬停。与无风悬停相比，逆风悬停机头稍低，且逆风速越大，机头越低。

b.顺风悬停。顺风中悬停，直升机受风的作用会向前移动，所以应向后拉杆，旋翼桨盘后倾，使直升机后退速度与风速相等。这样，机头比无风悬停时要高。机头上仰量大，使尾部离地高度降低，为保证飞行安全，避免尾部擦地，顺风悬停高度要适当地增加。顺风悬停，由于垂直安定面和尾桨作用是不安定的，方向不易保持。只要尾部稍稍偏离风向，直升机就会更加偏离原方向，这就要求飞行员及时主动修正。一般情况下，直升机应尽量避免在大顺风中悬停。

c.侧风悬停。侧风悬停，由于垂直安定面的安定作用，直升机容易向风的来向偏转，因此应注意保持方向。另外，侧风的作用还将使直升机沿风的去向移位，因此，侧风悬停时应向风来方向压杆。

需要特别指出的是，左右侧风对直升机悬停的影响是不一样的。对于顺时针旋翼的直升机来说，右侧风明显地使直升机状态不稳，操纵品质变差，还会引起直升机抖动。这是因为：其一，在右侧风中悬停，为使地速为零，必然要求直升机产生一个与风速相等、方向相反的空速，这就需要较大的桨盘右倾角，致使驾驶杆操纵余量减小；其二，过大的右侧风，可能使尾桨进入涡环（部分进入甚至完全进入），使尾桨所需功率增大，而尾桨所需功率增大，又使旋翼的可用功率减小，这样就增加了操纵的复杂性；其三，在过大的右侧风中悬停，旋翼桨盘右倾角很大，旋翼尾流对机体、垂尾等发生干扰，还有旋翼桨叶本身的"桨涡干涉"等原因，引起直升机产生类似"过渡速度"的振动。因此，顺时针旋翼直升机不适合在大的右侧风条件下悬停。而在左侧风条件下，则没有上述现象，对直升机的悬停稍为有利。

〔3〕悬停的操纵原理

① 直升机垂直起飞阶段的操纵。飞行员柔和上提总距杆，使桨距增大，旋翼拉力增大，以便产生足够拉力使直升机离开地面转入上升；同时使发动机可用功率增大，以满足功率平衡。随着上提总距杆，旋翼的反转矩增大，力图使机头左偏，为了保持方向平衡，需相应蹬右舵。蹬右舵后，尾桨拉力增大，构成左滚力矩，为了保持横侧力矩平衡，又需要向右压杆，使桨尖平面右倾，产生向右的侧向力 S_s 进而形成右滚力矩，以平衡尾桨拉力的左滚力矩。为了保持侧向力平衡，低置尾桨直升机都有一个微小右坡度。因此，驾驶杆左右操纵方法应是，先向右压杆，待形成右坡度后稳住杆。一般直升机都有旋翼前倾角，为了克服旋翼前倾角的影响，直升机应有一个上仰角。因此，在垂直起飞时，需要适当向后带些杆。

② 悬停保持阶段的操纵。保持直升机位置的关键是调整直升机的姿态。如前所述，悬停中，要保持直升机没有前后移位，必须使纵向力平衡，也就是旋翼纵向力 H_s 与重力的纵向分力 $G\sin\theta$ 相平衡。所以正确的直升机俯仰姿态是保持前后位置的关键。同理，保持直升机侧向位置，也必须使侧向力平衡，直升机的坡度变化必将引起重力侧向分力 $G\sin\theta\sin\gamma$ 的变化，进而影响直升机的侧向力平衡。因此，正确的直升机侧向姿态是保持侧向位置的前提。在实际操作中，应先根据直升机的位移情况调整直升机的姿态，在找准直升机的姿态后，以保持这个姿态为准，在保持状态的过程中，应根据直升机的移位情况，对姿态进行微调，以确保其位置不变。

③ 垂直着陆阶段的操纵。减速悬停时，应柔和下放总距杆，同时用驾驶杆、脚蹬和总距杆的配合动作，使直升机下降，下降率不超过2m/s；接地前应进一步减小下降率，使接地时的下降率不大于0.2 m/s。一般顺时针旋翼、低置尾桨的直升机都带有右坡度，所以，右主轮先接地。在右主轮接地后还应继续柔和下放总距杆，并适当向右后方带住杆，使左轮与前轮轻轻接地，然后继续下放总距杆直到最低位置。

④ 高高度悬停的操纵。高高度悬停应在逆风条件下实施，可以由地面垂直上升进入，也可以从平飞减速进入。由垂直上升转入悬停时，应保持好直升机姿态，均匀地上提总距杆，并用杆舵的协调动作确保上升轨迹与地面垂直。高度超过20m后，由于没有地面效应的影响，上提总距杆要特别柔和。上升中适时扫视无线电高度表的指示，指到近预定高度时，稍放总距杆，进入稳定悬停。由平飞减速进入悬停时，应带杆使桨盘后倾减速，为保持高度不变，应适时操纵总距杆，并蹬舵保持方向，当速度减小到零时，松杆、稳杆转入悬停。

2. 悬停回转

绕轴悬停回转是直升机在悬停基础上，绕通过重心的铅垂线偏转而改变方向的飞行，是直升机接近地面飞行时经常采用的机动飞行方式。在风速不大的条件下，直升机可向左、右做任意角度的回转。直升机实施悬停回转的高度一般不低于3m。

（1）绕轴回转的操纵原理

实施绕轴悬停回转，应柔和地向转弯方向蹬舵，通过改变尾桨拉力，形成方向操纵力矩，直升机即向蹬舵方向回转。随着转角速度增大，方向阻尼力矩也增大。当阻尼力矩增至与方向操纵力矩相等时，直升机即保持稳定的角速度做悬停回转。

操纵直升机做悬停回转时，改变尾桨桨距，引起尾桨所需功率改变，在发动机可用功率不变的情况下，将使旋翼和尾桨的功率重新分配，从而影响旋翼拉力的大小。因此需要操纵总距杆进行修正。

蹬舵后，尾桨拉力的改变还会破坏直升机侧向力矩和滚转力矩的平衡，直升机将出现滚转和侧向移位现象。为了保持侧向力矩和滚转力矩平衡，应同时向转弯方向压杆。退出悬停回转时，应根据回转角速度的大小，适当地提前蹬反舵制止旋转，同时注意操纵总距杆保持高度，操纵驾驶杆操持直升机的侧向平衡。

（2）左、右回转的特点

直升机悬停回转时，由于旋翼和尾桨功率要重新分配，直升机随回转方向不同而出现上升或下降高度的趋势，这就造成了左、右回转时总距杆的操纵不同。右回转时，蹬右舵，尾桨桨距增大，尾桨拉力增大，尾桨所需功率也增大，在发动机功率不变的条件下，旋翼功率要减小，直升机有下降高度的趋势，应适当地上提总距杆。左回转时，蹬左舵，尾桨桨距减

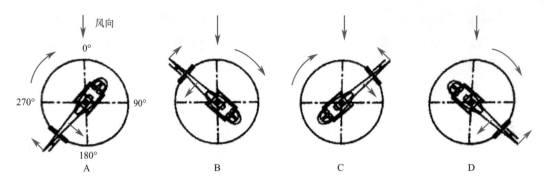

小，尾桨所需功率减小，功率重新分配，旋翼功率增大，直升机有上升高度的趋势，应适当下放总距杆。

〔3〕有风时的绕轴回转

现以直升机在逆风悬停中做360°右回转为例说明风的影响。直升机从悬停进入右回转，逆风变为左逆侧风，转到90°变为左正侧风；转过90°后变为左顺侧风，到180°时变为顺风；转过180°后变为右顺侧风，到270°时变为右正侧风；转过270°后变为右逆侧风，到360°又回到逆风位置。可见，在悬停回转中，风的影响是不断变化的。

在有风的条件下做悬停回转，应根据风向、风速用舵保持回转角速度，用总距杆保持高度，用驾驶杆保持不位移。在转向风去的方向时，垂直安定面的方向安定力矩起阻止转弯的作用，应向回转方向加大蹬舵量，以保持回转角速度。反之，转向风来的方向时，为保持回转角速度不变，应适当地向回转的反方向增加蹬舵量。增加左舵量时，直升机有增加高度的趋势，要适当下放总距杆；增加右舵量时，则应上提总距杆。在回转中，为保持直升机不出现水平位移现象，在360°回转中，驾驶杆应始终向风来的方向倾斜。

3. 垂直上升

〔1〕垂直上升的操纵原理

直升机在悬停的基础上做垂直上升，首先应柔和地上提总距杆，在总距增大的初始阶段，旋翼拉力大于重力，直升机加速上升；随着上升率增大，桨叶来流角也不断增大，桨叶迎角减小，当来流角增量与总距的增量基本相等时，旋翼拉力等于直升机重力与空气阻力之和，直升机保持稳定垂直上升。

上面讲的是无地面效应的情形，如果直升机悬停高度在地面效应范围之内，随直升机高度升高，地面效应减小，诱导速度增大，来流角也增大，桨叶迎角减小，上升到某一高度，如果飞行员不继续上提总距杆，直升机将不再继续上升。

由于上提总距杆，旋翼反转矩增大，直升机将出现偏转。为保持方向，需要蹬右舵增大尾桨拉力；同时要向右侧方压杆，使直升机不出现侧向移位的滚转。

由于垂直上升时直升机的稳定性和操纵性较差，操纵动作更需要柔和，杆、舵、总距杆的操纵要协调一致。

〔2〕垂直上升的注意事项

在垂直上升中需要注意以下几个问题：

① 飞行员不应以垂直上升作为主要的飞行方式。虽然垂直上升是直升机的特有飞行方式，但由于在垂直上升中，所需功率大，稳定性与操纵性比较差，如果不是任务和战术需要，不应把垂直上升作为主要的获得飞行高度的方式。可以采用沿斜平面爬升的办法，达到

增加高度的目的。

② 垂直上升中，保持直升机状态比较困难。这主要是因为随高度升高，机头的遮蔽区增大，飞行员视界减小，不容易判断直升机的运动和状态变化。

③ 要避开回避区。从地面垂直上升时，往往要通过回避区，对安全不利。除非任务特殊需要，一般要避开回避区。

4.垂直下降

(1) 垂直下降的操纵原理

直升机在悬停基础上做垂直下降，首先应下放总距杆，减小旋翼拉力，使拉力小于直升机重力。下放总距杆后，旋翼反转矩减小，直升机将向右偏转，必须蹬左舵以保持方向不变。同时压杆向量指向左方，以保持直升机的横侧平衡。在加速下降过程中，桨叶来流角逐渐减小，当来流角的减小量同总距的减小量相等时，取得法向力平衡，直升机做等速下降。

(2) 垂直下降的注意事项

① 要严格防止下降率过大。在垂直下降中，如果下降率过大，可能使直升机进入涡环状态。涡环状态是一种危险的飞行状态，严重危及飞行安全，因此，在垂直下降过程中，要用总距杆控制下降率。如果发现下降率偏大或有自动增大的趋势，应及时上提总距或推杆增速退出。

② 飞行员不应把垂直下降作为主要飞行方式。垂直下降中，直升机的稳定性、操纵性差，下降率过大还可能进入涡环状态。因此，如果不是任务和战术需要，不应把垂直下降作为降低高度的主要手段。

③ 在海上或低能见度条件下做垂直下降，操纵要格外谨慎。海上飞行由于浪涌的运动，很难准确判断下降率。在低能见度条件下，由于缺少参照物，判断高度变化也是很困难的。因此操纵上要格外谨慎，以免使直升机进入复杂状态。

5.平飞

研究直升机的飞行性能问题，一般都是把直升机看作一个质点，通过分析作用在质点上诸力的作用规律，描述质点的响应规律，然后运用功率平衡法来分析直升机的各种飞行性能参数的变化。

(1) 平飞中的作用力

为了便于分析直升机质心的运动轨迹和速度变化，有必要将旋翼的气动合力 R 沿气流轴系（速度轴系）的各轴进行分解。可以人为规定，旋翼气动合力 R 沿气流立轴（Y_V 轴）方向的分力为 R_1，沿气流纵轴（X_V）方向的分力为 R_2，沿气流横轴（Z_V）方向的分力为 R_3。

在桨毂旋转平面和桨尖旋转平面夹角不太大时，可以认为 $R \approx T$，就是说，把旋翼气动合力 R 近似地看作旋翼拉力 T，这样一来，就可以分别用 T_1、T_2、T_3 代替 R_1、R_2、R_3，以此来分析直升机质心的运动就比较方便了。

直升机做稳定平飞，其基本特征就是等高、等速、无侧滑，要满足这些特点，其作用力关系如下：

① 为保持飞行高度不变，旋翼拉力在气流立轴方向的分力 T_1 应等于直升机重力 G。即 $T_1=G$。

② 为保持飞行速度不变，旋翼桨盘要相对于水平面前倾一定的角度，旋翼拉力在气流纵轴方向的分力 T_2 应等于空气阻力 X，即 $T_2=X$。

③ 为保持直升机无侧滑，在直升机坡度较小时，旋翼拉力在气流横轴方向的分力 T_3 应等于尾桨拉力 T_{wj} 和垂尾侧力 Z_{cw} 之和。即 $T_3=T_{wj}+Z_{cw}$。

上述分析没有考虑平尾、机身等产生的升力，认为旋翼拉力近似于旋翼气动合力，尾桨拉力和垂尾侧力都是与气流横轴平行的。这种方法在研究直升机飞行性能时是允许的。

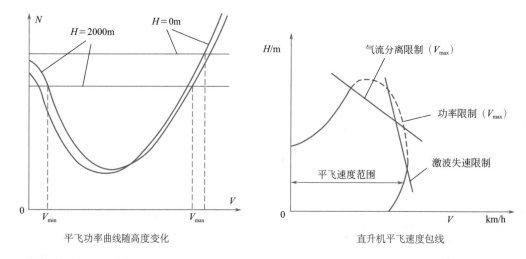

平飞功率曲线随高度变化　　　　　　　直升机平飞速度包线

〔2〕影响平飞性能的因素

① 高度对平飞性能的影响。如前所述，直升机的平飞性能主要是由旋翼可用功率和平飞所需功率两方面确定的。所以，研究平飞性能随高度的变化，应先了解旋翼可用功率和平飞所需功率随高度的变化规律。

a.旋翼可用功率随高度的变化。高度升高，空气密度降低，单位体积的空气质量减小。对于装有涡轮轴发动机的直升机，在设计高度以下，高度增加，发动机输出功率基本保持不变。超过设计高度以后，高度增加，输出功率减小，可用功率也随之减小。故旋翼可用功率曲线在超过设计高度后，随高度升高而下移。

b.平飞所需功率随高度的变化。诱阻功率与诱导速度有关。高度增加时，由于空气密度减小，旋翼需产生更大的诱导速度才能保持拉力不变，因而诱阻功率随高度增加而增大。但是，在不同速度平飞时，诱阻功率所占百分比是不一样的。小速度平飞时，诱导速度大，诱阻功率所占百分比大，因此，随高度增加，诱阻功率增加得多。大速度平飞时，高度升高，诱阻功率增加得少。随高度增加，空气密度要减小，所以废阻功率一直是减小的。小速度时减小得少，大速度时减小得多。型阻功率随高度增加，变化不大。

总之，在小速度平飞时，高度增加，诱阻功率增大较多，而废阻功率减小较少。因此，平飞所需功率增大。在大速度平飞时，高度增加，诱阻功率增大程度较小，而废阻功率减小程度增大，平飞所需功率有所减小。如果将前面分析的平飞所需功率曲线和旋翼可用功率曲线绘制在同一坐标上，就可以看出平飞功率曲线随高度的变化规律。

必须强调的是，平飞最大速度不仅受功率限制，还受到桨叶气流分离和激波的限制。所以，将平飞最大速度的综合边界和平飞最小速度随高度的变化，用曲线形式表现出来，就可以得到直升机的平飞速度包线。直升机的平飞速度包线，可以反映高度变化对平飞性能的影响。一般来说，随着高度升高，平飞最大速度减小，平飞最小速度增大，平飞速度范围也越来越小。当达到某一高度时，平飞速度范围减小到零，也就是说，直升机只能以一个速度保持平飞，此高度叫作该直升机的理论动升限。

② 大气温度对平飞性能的影响。气温升高，发动机除容易出现过热外，还会因空气密度减小而使发动机输出功率减小，可用功率也随之减小，从而使平飞最小速度增大，最大速度减小，平飞速度范围缩小。气温降低时，则相反。

③ 飞行重量对平飞性能的影响。飞行重量增加，为了保持平飞必须增大旋翼拉力，这将因诱阻功率增加而使直升机的所需功率增大。由于小速度平飞时，诱阻功率所占份额较大，故飞行重量越重，直升机平飞最小速度增大得越明显。飞行重量增加，桨叶平均迎角增大，后行桨叶更容易发生气流分离，使平飞最大速度减小。所以随飞行重量的增大，平飞速度范围缩小。

6. 爬升

直升机沿向上倾斜的轨迹所做的飞行叫爬升。爬升是直升机超越障碍取得高度的基本方法，其中，直升机保持爬升角不变的等速爬升叫稳定爬升。实际飞行中，经常采用的是保持总距杆位置不变、爬升速度不变的爬升。

〔1〕稳定爬升的作用力

与分析平飞性能一样，分析爬升性能时，也将直升机看作一个质点，把旋翼气动合力 R 沿气流轴分解为 R_1、R_2、R_3，并且认为 $R \approx T$，可以用 T_1、T_2、T_3 分别代替 R_1、R_2、R_3。同时，将直升机重力 G 分别沿气流立轴、纵轴、横轴分解，得到 G_1、G_2、G_3，由此可以得出稳定爬升中的作用力关系：

① 为保持爬升角不变，沿气流立轴方向的合力应为零，即 $T_1 = G_1$。

② 为保持爬升速度不变，沿气流纵轴方向的合力应为零，即 $T_2 = G_2 + X$。

③ 为保持直升机无侧滑，沿气流横轴方向的合力应为零，即 $T_3 + G_3 = T_{wj} + Z_{cw}$。

通常情况下，在稳定爬升中由于直升机坡度很小，G 可以忽略。以上分析见下图。

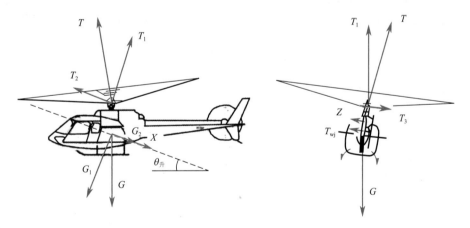

〔2〕爬升操纵的原理

① 稳定爬升中的平衡条件和直升机姿态。由于稳定爬升也是一种平衡状态，作用于直升机的各力、各力矩应取得平衡。分析爬升中的平衡问题，也应该在机体轴系里进行。稳定爬升中的平衡特性和直升机姿态，与平飞时相似，在此不再赘述。

② 稳定爬升的操纵。

a. 由平飞转入爬升。由平飞转入爬升时，飞行员应向后带杆，减小直升机俯角，进而减小旋翼锥体的前倾量，旋翼拉力第二分力（T_2）减小，平飞速度也相应减小；同时，拉力第一分力（T_1）增加，当T_1大于G时，产生向上的向心力，使爬升角逐渐增大转入爬升。在直线爬升中，拉力第一分力（T_1）就等于重力第一分力（G_1），所以，当接近预定爬升角时，应及时向前稳杆。

直升机由平飞转入爬升过程中，随爬升角和爬升率的增大，桨叶来流角不断增大，为保持旋翼拉力，应适当地上提总距杆。在上提总距杆时，旋翼的反转矩增大，直升机向左偏转需要蹬右舵增大尾桨拉力，以保持爬升方向。尾桨拉力增大又会使直升机向左移动，为了保持直升机的侧向平衡，需要向右压点杆。

b.稳定爬升阶段的操纵。直升机达到预定爬升角时，保持预定爬升速度爬升。但随飞行高度升高，空气密度减小，剩余功率也将随之减小，在飞行速度不变的情况下，爬升角和爬升率都将随之减小，为保持稳定爬升，应适当上提总距杆，以增大可用功率，保持剩余功率不变。在上提总距杆时，为了保持直升机的方向平衡和横侧平衡，需要适时蹬舵、压杆。

c.由爬升转入平飞。由爬升转入平飞，飞行员应向前顶杆，增加旋翼锥体前倾角，旋翼拉力第一分力（T_1）减小，当T_1小于G_1时，产生向下的向心力，直升机由爬升转入平飞。当上升率接近零时，应及时向后回杆。

由爬升转入平飞过程中，桨叶来流角减小，桨叶迎角增大，为了保持旋翼拉力不变，要相应地下放总距杆。在减小总距时旋翼反转矩随之减小，应蹬左舵，减小尾桨拉力，保持方向不变。尾桨拉力减小后，为保持直升机的侧向平衡，压杆向量是向左的。

③ 用最大爬升率爬升的操纵。用最大爬升率爬升，就是保持总距杆位置不变、保持爬升速度不变的爬升。采用这种方法爬升，发动机通常保持最大连续工作状态，爬升速度保持经济速度。由以上分析可知，这样可以获得相应高度下的最大爬升率，能充分发挥直升机的爬升性能。

用最大爬升率爬升，发动机状态和爬升速度保持不变。随高度升高，空气密度减小，发动机可用功率减小，用于爬升的剩余功率减小。因此，随高度升高，直升机的爬升率和爬升角都将随之减小。所以，用最大爬升率爬升实际上是一个不稳定的爬升。

采用这种方法爬升，操纵相对比较简单，进入爬升前固定好总距杆的位置，通过调整地平仪上的小飞机与人工地平线的相对位置，保持、调整直升机以经济速度飞行。同时，适时用杆、舵保持直升机的平衡。随高度升高，直升机的爬升率和爬升角逐渐减小，爬升中对爬升率和爬升角的变化没有什么要求。

7.下滑

直升机沿向下倾斜的轨迹所做的飞行叫下滑，下滑是直升机降低飞行高度的基本办法。

〔1〕下滑中的作用力

与分析平飞、爬升性能一样，分析下滑性能时，也将直升机看作一个质点，把旋翼气动合力R沿气流轴分解为R_1、R_2、R_3，并认为$R \approx T$，可以用T_1、T_2、T_3分别代替R_1、R_2、R_3。同时，将直升机重力G分别沿气流立轴、纵轴、横轴分解，得到G_1、G_2、G_3，这样就可以写出下滑中的作用力关系。

〔2〕下滑角、下滑距离与下滑率

下滑轨迹与水平面之间的夹角叫下滑角，用$\theta_{下}$表示。下滑中经过的水平距离叫下滑距离，用$L_{下滑}$表示。

$$L_{下滑}=H/\tan\theta_{下}$$

从式中可以看出，若以同样的下滑角下滑，下降高度 H 越大，下滑距离越长。在发动机工作的条件下，直升机的下滑角可在 0°～90° 范围内变化，下滑角为90°的飞行叫垂直下降。直升机单位时间内所下降的高度叫下降率，也叫下降垂直速度，用 v_y 表示。

$$v_y=v_{下滑}\sin\theta_{下}$$

上式表明，下降率是随下滑速度 $v_{下滑}$ 及下滑角的增大而增大的。

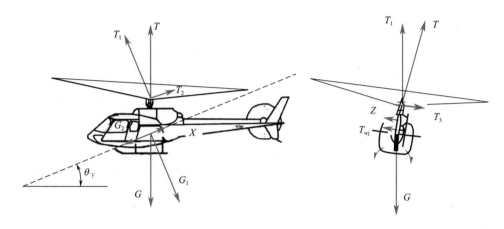

（3）由平飞转入下滑和由下滑转入平飞的操纵原理

① 由平飞转入下滑。为使直升机由平飞转入下滑，飞行员应先下放总距杆，使旋翼拉力减小，旋翼拉力第一分力小于重力，产生向下的向心力，使轨迹向下弯曲，由平飞转入下滑。

一般情况下，下滑速度比平飞时小，在下放总距杆后，应稍带住杆，使直升机减速，当速度减小到接近下滑速度时，再柔和地向前松杆。用总距杆和驾驶杆调整下降率、下滑速度，保持等速下滑。

由于下放总距杆，旋翼的反转矩减小，直升机将向右偏，需要蹬左舵减小尾桨拉力，以保持下滑方向。同时向左压杆，平衡尾桨拉力的变化。

② 由下滑转入平飞。由下滑转入平飞，飞行员应上提总距杆，增大旋翼拉力，使旋翼拉力第一分力大于重力第一分力，产生向上的向心力，轨迹向上弯曲，逐渐转入平飞。

当下滑角减小时，重力第二分力随之减小，会引起飞行速度减小，故应前推驾驶杆，接近预定速度时，稍回杆。

由于上提总距杆，旋翼反转矩增大，直升机向左偏转，需要蹬右舵，增大尾桨拉力，以保持方向。同时向右压杆，平衡尾桨拉力的变化。

8. 续航性能

直升机的续航性能包括续航时间和航程两个方面。续航时间是指直升机在空中能持续飞行的时间；航程是指直升机在空中所能持续飞行的距离。直升机续航性能的好坏是由两个因素决定的，一是可用于持续飞行的燃油量的多少，二是单位时间或单位距离内所消耗燃油的多少。

（1）平飞可用燃油量

供平飞阶段使用的燃油量叫作平飞可用燃油量。若其他条件不变，平飞可用燃油量愈多，平飞续航时间和平飞航程就愈长。

平飞可用燃油量与所装总燃油量有关，然而，每次飞行所装总燃油量并不完全一样，也不可能完全用于平飞。起飞前发动机地面工作、离地并增速爬升至预定高度、下滑着陆等都要消耗燃油，还要扣除存留在油箱和管道中的不可用油量，还要留出10%～15%的备份燃油量，以备特殊情况的需要，最后剩下的燃油量，才是平飞可用燃油量。可表示为

$$Q_{平飞}=Q_{总}-(Q_{地面}+Q_{上升}+Q_{下滑}+Q_{不可用}+Q_{备})$$

上述数据可由各机型的航行手册中查得。

〔2〕续航时间

这里只分析平飞续航时间。

直升机每飞行一小时发动机所消耗的燃油量叫作小时燃油消耗量，用"qh"表示。显然，小时燃油消耗量愈小，平飞续航时间就愈长。不同飞行条件下的小时燃油消耗量可从《飞行手册》上的平飞性能曲线中查出。平飞续航时间可用下式求得：

$$t_{续航}=Q_{平飞}/qh$$

qh的大小取决于发动机输出功率和燃油消耗率，即

$$qh=N_{平需}C_e/\zeta$$

式中，C_e为发动机燃油消耗率，活塞式发动机的C_e基本不随速度变化，涡轮轴发动机的C_e随速度增大而减小；ζ为功率传递系数，一般$\zeta=0.8～0.9$。

〔3〕航程

这里只分析平飞航程。

每飞行一公里距离发动机所消耗的燃油叫公里燃油消耗量，用"qk"表示。qk愈小，平飞航程愈长。平飞航程可用下式计算：

$$L_{航程}=Q_{平飞}/qk$$

公里燃油消耗量（qk）由小时燃油消耗量（qh）和平飞速度（$v_{平飞}$）共同确定。即

$$qk=qh/v_{平飞}=N_{平需}C_e/(\zeta v_{平飞})$$

9. 典型机动动作

〔1〕跃升

直升机以较大的爬升角所做的减速爬升过程叫跃升。跃升可将动能部分转化成势能，以换取高度。跃升往往是直升机进行其他战术动作的基础。

① 跃升的动态特点。直升机的跃升可以分为三个阶段，即进入阶段、中间阶段和改出阶段。和飞机不同，飞机跃升的中间阶段基本上是一条直线，时间也较长，而直升机的中间阶段不是直线，也不明显。

② 跃升的操纵原理。进入跃升前，应将直升机速度调整至预定速度，调整好发动机工作状态，一般进入速度都应大于经济速度。

进入时，在保持总距杆位置不变的条件下，均匀一致地向后拉杆，使旋翼拉力第一分力 T 大于重力第一分力 G_1，产生足够的跃升角。拉杆时应柔和有力，切忌粗猛，防止俯仰角速度增大过快，一般中型直升机俯仰角速度限制在 $3°/s$ 以下，轻型直升机则限制在 $5°/s$ 以下。这种限制主要从稳定性、操纵性以及结构方面的因素考虑。大部分直升机要求在 $6 \sim 7s$ 内使俯仰角增大到预定值。

跃升中，随速度减小，由于旋翼桨叶的自然挥舞作用，旋翼桨盘的后倒角减小，直升机产生下俯力矩，力图使直升机低头。为了保持俯仰状态，应逐渐增大拉杆量，并根据地平仪的指示，消除坡度和侧滑，保持好航向。

当速度减小到接近预定速度时，均匀推杆，改出跃升，改出过程一般不少于 $5 \sim 6s$，防止俯仰角速度变化过大，改出后速度应不少于该高度的平飞最小速度。

直升机的跃升有三点需要注意：a.直升机可以以高桨距做跃升，也可以以低桨距做跃升，这同固定翼飞机不一样，飞机一般是在加满油门后进入跃升的，这主要是由不同的跃升目的决定的，飞机跃升完全是为了增加高度，而直升机跃升在很多情况下，仅仅是一个过渡动作。b.直升机在跃升中，杆力变化明显，这主要是由直升机的操纵品质决定的，直升机的单位载荷杆力比较大。c.直升机在跃升过程中，严禁提放总距杆，主要是因为跃升中拉杆量很大，如果下放总距杆可能造成旋翼桨叶同尾梁的危险接近或碰撞。

〔2〕俯冲

直升机沿向下倾斜的轨迹向下做加速的飞行叫俯冲。俯冲可以把直升机的势能转化成动能，以迅速取得所需要的速度。直升机的俯冲可以采用平飞进入、转弯进入、半滚转进入等方式。

① 俯冲的动态特点。俯冲可以看作是跃升的逆过程，也可以分为进入、中间、改出三个阶段。

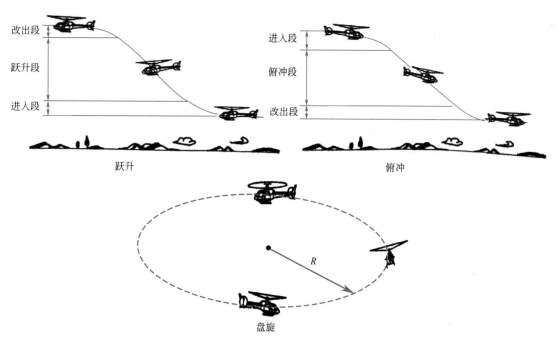

跃升　　　　　　　　　　俯冲

盘旋

在俯冲过程中，直升机做加速运动，进入时俯角增大，改出时俯角减小（或仰角增大）。

在改出俯冲时，从飞行员做改出动作到直升机改为平飞，需要经过一段时间，因此，直升机在此期间要有一定的下沉量。

② 俯冲的操纵原理。进入俯冲前，应将直升机的速度调整至预定速度，调整好发动机状态。一般进入速度都不应大于经济速度，以免改出速度过大。

进入俯冲时，在保持总距杆位置不变的条件下，均匀一致地向前推杆，使直升机形成足够的俯角，但要注意防止俯仰角速度变化过快。同时，防止直升机带坡度和侧滑。俯冲中，随速度增大，由于旋翼桨叶的自然挥舞作用，直升机有明显的抬头趋势，应逐渐增大推杆量保持俯角。同时，根据地平仪的指示，消除坡度和侧滑，保持航向。

改出俯冲时，应在保持总距杆位置不变的条件下，用力拉杆，使直升机由下俯转为上仰，并严格控制上仰角速度。当直升机停止下降时，应柔和向前顶杆转入平飞。直升机在俯冲中，禁止在俯冲全过程提放总距杆，原因同跃升一样。一定要严格控制俯仰角速度，切忌粗猛推拉驾驶杆。

【3】 盘旋

① 盘旋的特征。直升机在水平面内做无侧滑的匀速圆周运动叫盘旋。盘旋是水平机动飞行的基础，也是直升机执行任务时常采用的飞行动作。直升机不仅可以做水平盘旋，还可以沿螺旋线做盘旋上升或盘旋下降，但其操作原理与水平盘旋基本相同。

盘旋是直升机做等高、匀速的圆周运动。盘旋的基本要求是保持高度、速度和半径不变。

② 盘旋的操纵原理。直升机的盘旋通常分为进入、保持和改出三个阶段，下面将分别分析其操纵原理。

a.进入阶段。当飞行速度达到盘旋速度时（通常取200km/h），应协调一致地向盘旋方向压杆、蹬舵。压杆使直升机倾斜，产生足够的拉力水平分力充当向心力；蹬舵是为了使直升机向盘旋方向偏转，以免产生侧滑。

随坡度增大，旋翼拉力在铅垂面内的分力要减小，为了保持高度不变，应在增大坡度的过程中，上提总距杆增大旋翼拉力。由于坡度和拉力都增大，向心力也增大，为了防止侧滑，应增大顺舵量。

在直升机接近预定坡度时，必须适当地回杆、回舵，保持规定的坡度和偏转角速度。做大坡度盘旋时，应适当向后拉杆，因为直升机需要一定的上仰角速度。

b.保持阶段。在盘旋过程中，可能会出现各种偏差，必须及时发现和不断修正。

● 如何保持高度。盘旋中，高度的变化主要是由拉力的铅垂分力与重力不平衡引起的。$T_1\cos\gamma$ 大于 G，则高度增加；$T_1\cos\gamma$ 小于 G，则高度降低。如果总距杆上提位置过高，$T_1\cos\gamma$ 大于 G 时高度增加；如果总距杆位置较低，$T_1\cos\gamma$ 小于 G 时，高度降低。所以总距杆应保持在适当的位置。

在总距杆位置适当的条件下，若坡度增大，则 $T_1\cos\gamma$ 减小，高度降低；若坡度减小，高度升高。在总距杆位置适当的条件下，应该用左右压杆的方法修正高度变化。

● 如何保持速度。盘旋中要保持速度不变，应正确地操纵驾驶杆。如果带杆过多，旋翼锥体相对后倾，直升机俯角减小，T_2 减小，使直升机速度减小；如顶杆过多，旋翼锥体相对前倾，T_2 增大，则飞行速度增加。

在盘旋中保持好高度有助于保持盘旋速度，若高度升高，为了保持等高就要向前顶杆，这样就会使速度增大；若高度降低，为保持高度就应向后带杆，速度就会减小。

c.改出阶段。改出盘旋，首先要消除向心力，故应向盘旋反方向压杆，减小坡度，使旋翼拉力的水平分力减小，为了避免侧滑，需要向盘旋反方向蹬舵。随坡度减小，旋翼拉力的铅垂直分力与重力、拉力第二分力与阻力保持平衡。当直升机接近平飞状态时，回杆回舵。

10. 近地飞行

直升机近地飞行时，飞行高度为$1 \sim 10m$，飞行速度通常不大于20km/h。近地飞行包括前飞、侧飞和后退飞行。直升机的近地飞行属于悬停机动飞行。

〔1〕近地飞行特点

① 地面效应的影响显著。直升机近地飞行时，飞行高度一般都在10m以下，小于旋翼直径。此时，直升机在地面效应的影响范围之内，所以，在一定功率下，旋翼产生的拉力较远离地面时有所增加。

地面效应对直升机的起飞、着陆会产生良好的影响。在地效范围内，直升机可做超载起飞，以提高其载重能力；直升机在自转着陆时，地面效应可以减小垂直着陆速度。此外，地面效应还能增加直升机的稳定性。

② 地形、地貌对飞行影响大。近地飞行时，如果遇到突然下凹的地形，地面效应迅速消失，会引起旋翼拉力突然减小，直升机就有掉入凹坑的危险。又如地形起伏不定，地面效应强弱会随地形起伏变化，从而引起直升机颠簸，造成操纵上的困难。所以，近地飞行时，一定要注意地形、地貌的变化。

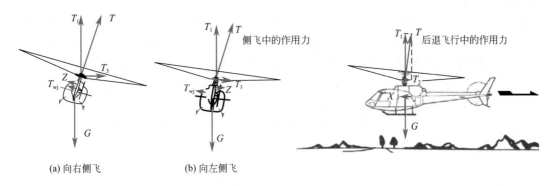

(a) 向右侧飞　　　　　(b) 向左侧飞

〔2〕近地飞行的操纵

① 前飞。由悬停转为前飞，应柔和地向前顶杆，使旋翼锥体前倾，产生向前的纵向力H_s，对直升机构成下俯力矩，使直升机俯角增大，形成拉力第二分力（T_2），并在此力作用下向前运动。杆、舵、总距杆的操纵和平飞操纵原理相同。

由前飞转为悬停，应向后带杆，使旋翼桨盘后倾，减小直升机俯角，从而减小向前的旋翼拉力第二分力（T_2）。在空气阻力的作用下，前飞速度将逐渐减小。随速度减小，旋翼的诱阻功率将增大，旋翼拉力减小，直升机要下降高度。所以，在减速过程中，要逐渐上提总距杆并相应地蹬右舵，以保持飞行高度和方向。

② 侧飞。

a.侧飞的作用力。向左和向右侧飞，方向不同，侧向力也不相同。向右侧飞时，旋翼拉力向右的水平分力（T_3）大于尾桨拉力（T_{wj}），直升机向右运动，并在运动中产生向左的侧力（Z），当侧向力平衡（$T_3=T_{wj}+Z$）时则保持等速侧飞。向左侧飞时，旋翼拉力向右的水平分力（T_3）小于尾桨拉力，在多余的尾桨拉力作用下，直升机向左运动，同时产生向右的侧力（Z），当侧向力平衡（$T_{wj}=T_3+Z$）时，直升机保持等速侧飞。

b.侧飞的操纵原理。由悬停转为侧飞，应柔和地向侧飞方向压杆，旋翼桨盘向侧飞方向倾斜，产生侧向力S_s；在S_s作用下直升机产生坡度，使锥体的拉力方向在悬停基础上向侧飞方向倾斜，旋翼拉力第三分力（T_3）变化，破坏了悬停的平衡状态，从而使直升机向压杆方向运动。

侧飞中，相对气流作用于直升机垂尾上，产生的侧力会对重心形成偏转力矩，使机头向侧飞方向偏转，所以应及时蹬反舵修正。

压杆转入侧飞和蹬反舵保持方向时，都将影响拉力第一分力，并使高度发生变化。右侧飞时，向右压杆，使旋翼拉力向右倾斜，会出现飞行高度降低的趋势；同时，由于蹬左舵，发动机功率重新分配，又出现高度升高趋势。向左侧飞时，由于向左回杆，旋翼拉力第一分力增大，出现飞行高度升高趋势；左侧飞时蹬右舵，又出现高度降低的趋势。上述左、右侧飞的不同特点，在操纵量过大或不够柔和时，将表现得比较明显。因此，侧飞中要注意动作柔和并随时调整总距杆保持飞行高度。

③ 后退飞行。

a.后退飞行的特点。在悬停基础上做后退飞行，旋翼拉力分解出向后的第二分力（T_2），使直升机向后运动，飞行中还会产生向前的阻力（X）。当纵向力平衡（$T_2=X$）时，直升机将保持等速运动。后退飞行的一个显著特点就是方向不稳定，当受扰动发生方向偏离后，直升机方向将更加偏离。

b.后退飞行的操纵原理。带杆做后退飞行时，因旋翼锥体后倾，机体迎角增大，旋翼拉力的第一分力减小，直升机有下降高度的趋势，需要相应地上提总距杆，保持规定高度。上提总距杆，旋翼反转矩增大，为保持方向，要适当蹬右舵。

后退飞行机头不宜上仰过高，以防止因拉力第二分力增大过多和第一分力减小过多，使飞行速度过大和高度降低，甚至尾撬擦地。

改出后退飞行，应在达到预定地点前，柔和地向前顶杆使锥体稍向前倾，旋翼纵向力指向前方，帮助减速。当后退速度减小至"零"时，应及时拉杆消除向前的纵向力，保持稳定悬停。

由于后退飞行时直升机方向是不稳定的，为了保持方向，要及时地用舵修正方向偏差。用舵勤、舵量小是后退飞行的一个特点。

11.起飞和着陆

（1）起飞

直升机从开始增大旋翼拉力到离开地面，并增速和爬升到一定高度的过程叫起飞。

① 有地效垂直起飞。直升机从垂直离地到 $1\sim3m$ 高度上悬停，然后保持一定的状态沿预定轨迹增速，并爬升一定高度的过程，叫有地效垂直起飞。

a.垂直起飞的操纵原理。做垂直起飞，飞行员应柔和地上提总距杆，使旋翼产生的拉力大于直升机重量，直升机垂直离地。上提总距杆的同时，必须蹬右舵，以保持方向平衡；蹬右舵尾桨拉力增加，将引起直升机向左移位，故需向右压杆，使直升机稍带右坡度，旋翼产生向右的侧向力S以保持滚转力矩及侧向力的平衡。为消除旋翼拉力在水平面内的纵向分力，还应前后操纵驾驶杆。当直升机离地爬升到接近预定高度时，稳住总距杆，在预定高度保持稳定悬停。

b.增速爬升的操纵原理。开始增速时，应转移视线到正前方30～50m处，在悬停基础上柔和地向前推杆，使旋翼锥体前倾量增大，拉力纵向分力 H 也逐渐增大，直升机机头下俯，形成预定俯角后，松杆。保持俯角 $0°～10°$ ，直升机在拉力第二分力（T_2）作用下，前飞速度逐渐增大。由于前飞速度增大，旋翼尾流相对于水平安定面方向改变，在一定的速度范围内，尾流使水平安定面上产生的负升力增大，直升机重心构成上仰力矩，使直升机有上仰趋势，飞行员应及时、适当地向前推杆，保持原有的状态和爬升角继续增速。当速度增加时，尾桨效率提高，又可能出现右偏趋势，此时应适当回舵以保持方向。随着飞行速度增大，飞行员应将视线逐渐前移。当速度通过"过渡速度"范围时，直升机会出现抖动。

开始向前推杆增速时，由于旋翼锥体前倾，直升机形成俯角，拉力第一分力减小，直升机有降低高度的趋势，故应适当上提总距杆，并蹬右舵和适量向右压杆。随着速度增大，直升机的方向稳定性增强，应逐渐回杆、回舵。

到达预定速度（一般在经济速度附近）后，飞行员带杆转入正常爬升，根据地平仪指示保持好直升机姿态，同时调整发动机功率，保持规定的爬升率。

② 无地效垂直起飞。无地效垂直起飞是指直升机在无地面效应的高度上悬停和增速爬升。这种起飞方法用于周围有一定高度的障碍物的小场地上。由于无地面效应，直升机起飞的有效载重量减小。此种起飞方法的操纵原理与正常垂直起飞相似，但要求飞行员操纵动作应准确柔和，特别是上提总距杆时，驾驶杆和舵的操纵动作更要协调一致。在超越障碍物时，应高出障碍物足够的高度，防止碰撞，以保证安全起飞。

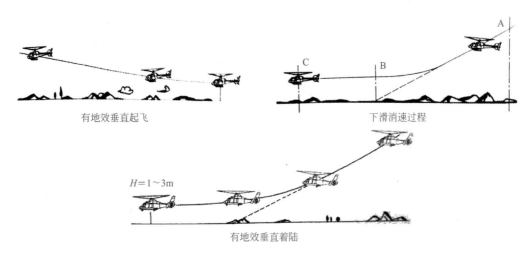

有地效垂直起飞　　下滑消速过程

$H=1～3m$

有地效垂直着陆

③ 影响起飞载重的主要因素。

a.机场标高和空气温度。起飞场地的标高高、气温高，则空气密度小，发动机功率降低，同时，单位时间内流过旋翼的空气质量减小，旋翼效能降低。因此，起飞最大载重量要减小。

b.风速和风向。逆风起飞，旋翼相对气流速度增大，单位时间内流过旋翼的空气质量增加，旋翼产生的拉力大，则起飞载重量增大；顺风起飞，为了避免尾桨打地，悬停高度较高，地面效应减弱，所以载重量将减小。

顺侧风或逆侧风起飞，为了保持直升机的平衡和运动轨迹，需要向风来的方向压杆，因而会对起飞载重量产生不同程度的影响，同时，操纵动作也变得更加复杂困难。因此，载重起飞要在逆风中进行。

影响起飞载重量的因素还有：地面效应、场地面积和周围障碍物高度、发动机和旋翼的维护质量、飞行员的操纵熟练程度等等。起飞前，要综合考虑上述因素，并根据具体情况认真计算起飞重量，做到心中有数，确保顺利完成起飞。

〔2〕着陆

直升机从一定高度下滑、消速并降落于地面直到停止的过程叫作着陆。

① 下滑消速的操纵规律。直升机向预定地点降落，要经过下滑消速过程，通过下滑降低高度，通过消速减小速度。直升机一边下降高度一边减小速度的过程叫下滑消速。

直升机的下滑消速是一个过渡飞行阶段。由于飞行状态的变化，作用于直升机上的力和力矩也不断变化，操纵动作比较复杂。为了便于分析，可把消速过程分为两个阶段。

A点为消速时机，AB段要求飞行员向后带杆，旋翼锥体后倾，增大直升机仰角，使向后的拉力第二分力（T_2）增大，此时 $T_2+X>G_2$，直升机减速。在A点到B点过程中，飞行员应根据水平距离、下滑速度和风向、风速等因素，调整带杆、稳杆量。随速度减小，接近B点时要逐渐向前迎杆。在B点以后的近地飞行中，应逐渐向前推杆和稳杆。接近预定地点C时，调整速度使其减小至规定速度（垂直着陆速度为零；滑跑着陆速度按各机型规定）。

在下滑消速过程中，由于前飞速度减小，所需功率增大，飞行员要根据高度变化，及时上提总距杆。在通过B点以后的飞行中，因前飞速度仍在继续减小，总距杆上提量逐渐加大。垂直着陆中，当前飞速度减至零时，对应的总距杆位置最高。

为保持预定轨迹，整个过程中，蹬舵量随总距杆操纵而变化。上提总距杆，要相应增大右舵量，而右舵量增大，又会破坏直升机的侧向平衡，因此，随速度减小，还应不断增大向右的压杆量。

② 有地效垂直着陆。直升机经过下滑、消速，在预定地点上空的地效范围内进行短时间悬停后，再垂直下降接地的着陆方法叫有地效垂直着陆。这种着陆方式的悬停是在地效范围内完成的，因此可以充分利用地面效应，减小所需功率，同时操纵也比较容易。

垂直着陆是在悬停基础上进行的，在整个下降过程中，飞行员应把注意力主要放在保持直升机状态上。其操纵原理与垂直下降基本相似，所不同的是，随着高度降低，由于地面效应影响，下降率要减小，应适当下放总距杆。在离地0.5m以下，应以不大于0.25m/s的下降率下降接地。

第九章

无人机飞行手册和其他文档

第一节

无人机飞行手册

　　《无人机飞行手册》（AFM）是无人机制造商编写而由局方批准的文档。它特定于无人机的型号和注册序号，包含操作程序和限制。无人机驾驶员作业中必须遵守相应的《无人机飞行手册》标记、标牌中制定的操作限制。《无人机飞行手册》按照局方所授权单位制定的《无人机飞行手册规范》标准格式编写。

　　无人机制造商也可编写操作细节更加详细的《无人机驾驶员操作手册》（POH），其中应包含局方批准的《无人机飞行手册》信息，并交局方备案。如果使用《无人机驾驶员操作手册》作为主要参考，那么相关段落要声明由局方批准可代替《无人机飞行手册》。

　　《无人机所有者/信息手册》也是由无人机制造商编写的文档，包含关于无人机制造和型号方面的一般信息。《无人机所有者/信息手册》不经过局方批准，也不特定于具体注册号的飞机。这个手册提供飞机运行有关的一般信息，不保持最新，所以不能代替《无人机飞行手册》或者《无人机驾驶员操作手册》。

　　《无人机飞行手册》包含以下部分的内容：概述；正常程序；应急程序；性能；飞行限制；重量和配平/载荷清单；系统描述；运行、保养和维护；附录；安全提示。

　　虽然相同制造商和相同型号无人机的AFM/POH看起来相似，但是每个手册都是特定的，因为手册包含具体无人机的详细信息，例如安装的装置和重量/平衡信息。因此要求制造商把序号和注册信息标注在手册封面，以识别手册所属的无人机。如果一本手册没有具体无人机的注册和序号，那么这个手册就被限制在只能用于一般的学习用途上。

　　大多数制造商会给手册制定一个目录，它按整个手册的章节和标题顺序排列。通常每一章节也包含自己的目录。页码反映章节和它所在的页。如果手册以活页形式出版，通常包含章节号或者标题或同时包含章节和标题的分隔卷标。紧急程序部分可能使用红色卷标，以便快速辨认和参考。

一、概述（第一部分）

概述部分提供基本的飞行器（包括动力装置）、控制站和通信链路描述信息。如：带尺寸信息的飞行器三视图、动力装置类型、控制站显示系统类型、控制站操纵系统类型、通信链路频率、最大起飞重量、巡航速度等。本部分作为熟悉无人机的快速参考。

概述部分的最后段落包含定义、缩写、符号的解释和手册中用到的一些术语。制造商也可以包含一些公英制和其他换算表格。

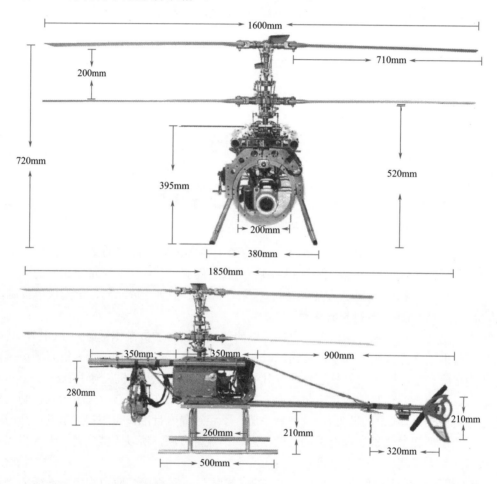

二、正常程序（第二部分）

这部分以正常运行的空速列表开始。后续部分可能包含几个检查单，可能包括：起飞前飞行器检查单；起飞前控制站检查单；起飞前通信链路检查单；启动发动机检查单；滑行检查单；起飞检查单；爬升检查单；巡航检查单；任务设备检查单；下降检查单；着陆前检查单；复飞检查单；着陆后检查单；飞行后检查单。

详细程序部分根据检查单提供不同程序的更多详细信息。为避免遗漏重要步骤，永远使用正确的检查单。一贯坚持使用批准的检查单是纪律性强的、称职的无人机驾驶员的标志。

三、应急程序（第三部分）

为处置应急程序部分中的不同类型的紧急和危急情况，应建立简洁和可操作的应急检查单，用以描述建议的操作和空速。

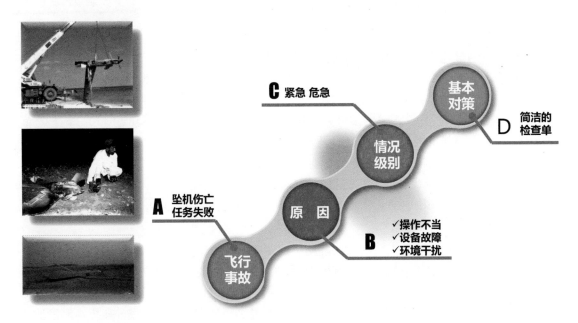

① 需要处置的危机情况可能包括：动力装置故障；起落架故障；飞控系统故障；舵面故障；电气系统故障；控制站操纵系统故障；下行通信链路故障。

② 需要处置的紧急情况可能包括：导航系统故障；上行通信链路故障；控制站显示系统故障；任务设备故障。

③ 需要执行的应急程序可能包括：动力装置重启操作；备份系统切换操作；迫降操作。

制造商可能首先按照操纵动作的顺序以简写形式来给出应急检查单。详细的说明检查单提供了关于简写检查单之后的程序的额外信息。为应对紧急情况应有所准备，要牢记立即执行的动作项目，完成后要参考对应的检查单。

制造商可能会编制一个可称为"不正常程序"的操作建议。这部分描述本质上不被看作是应急情况的建议故障处理程序。

四、性能（第四部分）

性能部分包含无人机认证规章要求的所有信息，以及制造商认为可以增强驾驶员安全地操纵无人机能力的任何额外性能信息。性能图表、表格和曲线图的格式是不同的，但是都包含相同的基本信息。在大多数飞行手册中可以看到的一些性能信息的例子。

性能包括以下内容：不同高度、重量条件下的失速速度表格；不同组合条件下的俯仰角曲线图或表格；用于确定起飞和爬升性能、巡航性能、着陆性能的数据。

在使用图表、曲线图和表格之前应接受培训，以便熟练掌握。

五、飞行限制（第五部分）

限制部分只包含那些规章要求的与航空器平台、动力装置、控制站和通信链路设备运行所必需的限制。它包含操作限制、仪表标记、色标和基本的张贴牌。一些限制范围包括：空速、发动机、重量和载荷分布，以及飞行本身。

1. 空速

空速限制通过色标显示在控制站软件中的空速指示器上，或者显示在控制站其他位置的标牌和图表上。

在典型的空速指示器上，红线表示超出这个空速限制会发生结构性损坏。这个速度称为永不超过速度（v_{ne}）。黄色弧线表示最大结构性巡航速度（v_{no}）和永不超过速度（v_{ne}）之间的范围。在黄色弧线范围的速度运行的无人机只能在平稳空气中飞行。绿色弧线表示正常速度范围，上限是最大结构巡航速度，下限是起落架和襟翼都收起（v_{si}）的最大重量失速速度。襟翼操作范围用白色弧线表示，它的上限为最大襟翼伸出速度（v_{fe}），下限为起落架和襟翼都处于着陆设定时的失速速度（v_{so}）。

2. 动力装置

动力装置限制描述了无人机的燃油发动机或者电动机的运行限制。应通过色标仪表插件或数字显示在控制站软件中的油门指示器上，或者显示在控制站其他位置标牌和图表上。这些限制包括起飞油门位置（如115%）、最大连续油门位置（100%）和最大正常运行油门位置（如50%～90%）。可以包含在这个方面的项目还有最小和最大润滑油和燃油压力，润滑油和燃油等级以及螺旋桨运行限制等。

所有使用活塞式发动机的无人机上，建议在控制站显示系统中为每台发动机配备转速指示器，进行转速限制的判断。

3. 重量和载荷分布

重量和载荷分布方面包括无人机最大认证重量和重心（CG）范围。平衡计算中用到的参考数据源（如前、后轮重量）也包含在这部分。重量和平衡计算不包括在这部分，而是包括在《无人机飞行手册》或者《无人机驾驶员操作手册》的重量和配平部分。

4. 飞行限制

此部分列出了无人机在各种条件下飞行的边界条件，如：降落或回收的限制；飞行载荷因子限制；允许的机动；禁止的机动。

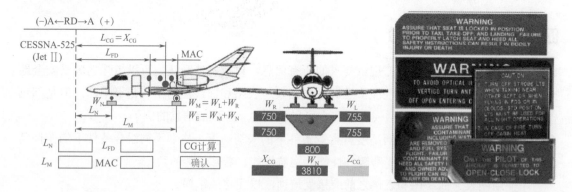

5. 标牌

大多数有人机会在机内显著位置安装一个或多个包含直接关系到飞机安全运行信息的标牌。它们复制了手册的限制部分或者根据适航指示表明某些信息。无人机系统的运行中会将此类标牌安装于飞行器、地面站、通信链路和其他辅助设备的显著位置。

六、重量和配平/载荷清单（第六部分）

重量和配平/载荷清单部分包含局方要求的用于计算无人机的重量和配平的所有信息。制造商还会在这部分加上一些示例性的有关于载荷安装的说明。

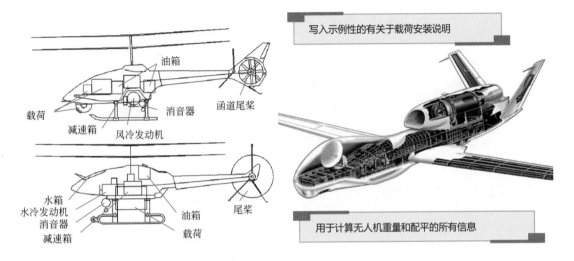

写入示例性的有关于载荷安装说明

用于计算无人机重量和配平的所有信息

七、系统描述（第七部分）

系统描述部分是制造商为了驾驶员理解系统如何运行而详细描述系统的部分。

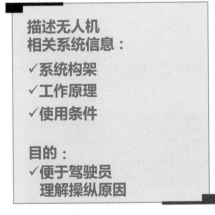

描述无人机
相关系统信息：
✓系统构架
✓工作原理
✓使用条件

目的：
✓便于驾驶员
　理解操纵原因

八、运行、保养和维护（第八部分）

运行、保养和维护部分是由制造商和相关法规建议的对无人机系统的维护和检查。这部分也描述了可以由认证的驾驶员完成的预防性维护，以及制造商建议的地面处理程序。

九、附录（第九部分）

附录部分描述当无人机系统安装或搭载了不在标准配备范围之内的多种可选系统和载荷时如何安全高效地操作飞机所必需的相关信息。这些信息中的某些内容可能由制造商提供，或者由可选装备制造商提供。当安装了该装备时，适当的信息就要加入到飞行手册中。

十、安全提示（第十部分）

安全提示部分是一个可选部分，包含增强无人机安全运行的评论信息。如：一般天气信息、燃油节约程序、高海拔运行、寒冷气候运行。

第二节

无人机档案

一、无人机国籍登记

一架无人机在合法飞行之前，必须由局方进行国籍登记，等同于注册。无人机的国籍登记文件颁发给无人机所有者以作为证明，必须随时随机携带。

经销商无人机国籍登记文件是国籍登记文件的另一种形式，但是仅对制造商要求的飞行测试或者经销商/制造商销售无人机所必需的飞行有效。当无人机售出后，经销商必须撤下该文件。

二、无人机特许适航文件

在无人机被检查后，认为满足局方的要求，且处于安全运行状态，局方的代表就可以颁发一份无人机特许适航文件。无人机特许适航文件必须随无人机系统携带。无人机特许适航文件要随无人机一起转让，除非无人机是卖给国外购买人。

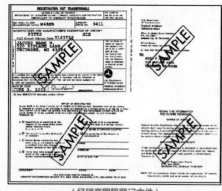

（经销商国籍登记文件）

特许适航文件

第三节

无人机的维护

维护被定义为无人机的保管、检查、大修和维修，包括部件的替换。一架被正确维护的无人机是一架安全的飞机。另外，正规的和正确的维护能够确保无人机在它的运行寿命期满足可接受的适航标准。

不同类型的无人机维护要求不同，经验表明，无人机每飞行20h或者更少就需要某种类型的预防性维护，至少每20h进行一次较小的维护。这也受运行类型、气候条件、保管设施、机龄和无人机的结构影响。制造商提供维护无人机时应该使用的维护手册、部件目录和其他服务信息。

一、无人机的检查

局方把处于适航条件的无人机的维护的主要责任寄予所有者和运营者。必须对无人机执行可靠的检查，所有者在任何故障校正需要的检查期间必须维持无人机的适航性。

局方要求所有民用无人机按照特定的时间间隔来确定总体运行状态。间隔时间依赖于无人机所属的运行类型。如：一些无人机每12个月需要至少一次检查，而其他无人机要求每运行100h检查一次。在某些情况下，可能按照一个检查制度来检查无人机，这个检查制度是为了对无人机进行完全的检查而建立的，可以基于日历时间、服务时间、系统运行次数或者这些条件的组合。

所有检查应该遵守制造商的最新维护手册，包括考虑检查间隔、部件替换和适用于无人机的寿命有限条款这些连续适航性的说明。

1.年度检查

民用无人机系统要求至少一年检查一次。检查应该由认证的持有检查授权的人员来执行，或者由制造商检查，或者由认证和正确评估的维修站执行。除非年度检查已经在之前的12个月完成，否则无人机将不能运行。12个日历月的期限为一个月的任何一天到下一年相同月份的最后一天。

2.飞行前检查

飞行前检查是一个彻底的和系统的检查方法，通过此项检查，无人机驾驶员可以确定无人机是否适航和处于安全运行状态。在《无人机飞行手册》和《无人机所有者/信息手册》中应包含相关章节专门介绍执行一次飞行前检查的系统的方法。

3.预防性维护

预防性维护是简单的或者次要的维护操作和小的标准零件或设备的替换，不涉及复杂的操作。认证的驾驶员，可以对他们拥有的或者运作的任何飞机执行预防性维护。

4.修理和更换

修理和更换分为重要的和次要的两个级别。局方相关文件描述了被认为是重要的修理和更换。重要的修理和更换应该由局方评级的认证修理站，持有检查授权的局方认证人员，或者在局方的代表批准后执行。

二、无人机所有者/运营者职责

一架无人机注册的所有者或运营者对诸如下列事项负责：

① 保持无人机有最新的特许适航文件和国籍登记文件；

② 维持无人机处于适航状态，包括遵守所有的适用的适航指令；

③ 确保维修被正确地记录；

④ 与最新的涉及无人机运行维护的规章保持同步；

⑤ 永久邮寄地址的任何变更、无人机的销售和出口、注册飞机资格的丢失等事项都要立即通知局方注册处；

⑥ 无人机系统无线电资源的使用需要持有局方无线电管理部门的许可证。